心平气和 也能够力量无限

特立独行
Te Li Du Xing
/著/

民主与建设出版社
·北京·

图书在版编目(CIP)数据

心平气和也能够力量无限/特立独行著. --北京:民主与建设出版社,2016.8
ISBN 978-7-5139-1227-3

Ⅰ. ①心… Ⅱ. ①特… Ⅲ. ①情绪—自我控制—青年 Ⅳ. ①B842.6-49

中国版本图书馆CIP数据核字(2016)第180105号

心平气和也能够力量无限
XINPINGQIHE YE NENGGOU LILIANG WUXIAN

出 版 人 许久文
著　　者 特立独行
责任编辑 刘树民
封面设计 末末美书
出版发行 民主与建设出版社有限责任公司
电　　话 (010) 59417747　59419778
社　　址 北京市海淀区西三环中路10号望海楼E座7层
邮　　编 100142
印　　刷 三河市天润建兴印务有限公司
版　　次 2016年11月第1版
印　　次 2019年7月第2次印刷
开　　本 880mm×1230mm　1/32
印　　张 8.5
字　　数 180千字
书　　号 ISBN 978-7-5139-1227-3
定　　价 35.00元

目录

CHAPTER 01
赢在重新开始

CHAPTER 02

找对成功的方向

CHAPTER 03
只有打败自己

CHAPTER 04

人生不需要设计

CHAPTER 05

希望就在拐角

CHAPTER 06

给自己喝倒彩

第一章
Chapter 01

赢在重新开始

放大一个点

理查德·希尔斯是一个失败的小人物，离婚、失业、独居，他甚至因为花光了所有的积蓄，而一度陷入深深的绝望。

可是，就是这样一位众人眼中的小人物却在美国创办了一家特殊的网站。之所以说它特殊，是因为在这个界面简陋的网站上，随便输入任何一个汉字，人们都能找到它的字形在历史上是如何演变的——小篆、金文，甚至还包括几千年前它被刻在甲骨上的模样。这样的汉字字源网站即便是在中国也绝无仅有，更不要提在大洋彼岸的美国。它的创办者——一位满头白发的美国老人一时间也成为热门人物，甚至被网友称为2011年第一个感动中国的外国人。

网站的火爆是理查德·希尔斯所没想到的，更令他没想到的是自己在60岁的花甲之年因它而成名。他为了创建这个网站，花费了20年的时间和全部的存款，身边的朋友和家人都觉得这是一件没有意义的工作。在20年漫长的时间长河里，只有他孤独一人……

38年前，当希尔斯突发奇想开始学中文时，这个物理系的大学生只是希望了解，那些说别的语言的人会如何思考、交流。他来到了中国台湾，在街头拼命跟人聊天，并且在那里结识了自己后来的妻子。口语练好了，希尔斯又开始张罗着学认字，可是那些毫无逻辑的汉字笔画总是让他一头雾水。于是，这个已经步入中年的男人再一次“突发奇想”，研究起了古汉字。可在英文书籍里，关于汉字古文字的书籍只有一本。并且，不同的书籍对于词源的解释也不相同。希尔斯又琢磨着把不同的解释都输入电脑，这样自己就可以很方便地从中挑选出最符合自己的词源。为此，他先开发了一个小程序，到了2003年，又把它们搬上了互联网。

希尔斯曾经向中国的朋友展示过自己的网站，可极少有人感兴趣。有些人会“出于礼貌”地赞扬几句，还有人直截了当地评价他“浪费时间”、“异想天开”。可就是这位异想天开的美国人却硬生生创办出了世界上首家汉字字源网，用20年的努力与坚守传承了中国文明。

为了寻找那些古代的汉字字形，希尔斯跑遍了中国大陆、中国台湾几乎所有大学的图书馆，查阅了几百本书。看得多了，他甚至还能提出自己的解释。比如汉字“金”，《说文解字》形容它字形的来源是“金在土中”，可希尔斯觉得，它的象形文字应该来源于“钟”的形状，因为这样才能让人立刻明白“金属”的概念。

没有人知道，希尔斯已经连租用服务器所需要的每年47美元都快付不出来了。正因为如此，人们打开他那设计简单的网站，上面才有这样一段话：你在这里看到的是我过去20年努力工作的成果，目标是要把汉字的字源资料放在国际网络上，供大家使用。请捐款，以便我可以继续提供和及时更新这些资料。这些资料是我免费提供的，而且没有广告干扰。

世界著名的昆虫家法布尔说："试着把你的精力集中到一个点上，就像放大镜一样，把阳光聚焦在一个点上。"法布尔一生也只研究他的昆虫，正是由于他把自己的世界和精力都聚焦在研究昆虫这个点上，所以才有了昆虫学方面卓越的成就。

非常小器

广东省中山市政府所在地石岐，有一种名产叫石岐乳鸽。当地有一家石岐佬乳鸽店，生意非常红火。可是一家生意好了，马上就有人跟风，很快遍地开花，都叫石岐乳鸽。这样一搞就把石岐佬乳鸽店的生意给抢了。

石岐佬一时六神无主。他猛然想起专做指甲钳的中山圣雅伦“非常小器”日用品有限公司总经理梁伯强。听说梁伯强见多识广，很有能耐，他便上门求教。石岐佬说石岐乳鸽不能注册，它仅仅是一个地域品牌，你能做石岐乳鸽，我是石岐人我同样也能做，他请梁伯强帮他想想办法。梁伯强答应下来。

梁伯强是怎么做的呢？他首先找了一位卡通大师，把石岐乳鸽设计成形象代言人，并且还把它分成公鸽和母鸽，分别叫做琪琪和岐岐，还给它们披上一个迎宾绶带，然后就把它做成指甲钳。

接着，梁伯强让石岐佬到香港和澳门车站，凡是看到购买了到中山车票的人，就送一个指甲钳给他。人们对这把指甲钳非常好奇，因为这个指甲钳上面刻着一句话：“我叫岐岐，你上过我吗？”上面还有一个订房热线电话。这样，很多到中山旅游的人都有一把这样的指甲钳。

如此一来，香港的百姓就议论开了，香港媒体马上报道说中山的小姐相当厉害，还要到香港来拉客。在巨大的舆论压力下，中山市相关部门召开了新闻发布会，中山市的媒体也发布公开声明，说“琪琪”和“岐岐“是石岐乳鸽的形象代言人，订房热线只是订餐热线，吃饭而已。

香港媒体不服气了，于是跟中山市的媒体各执一词，互不相让。不得已，香港媒体到中山明察暗访，最终证实“琪琪”和“岐岐”确实是石岐乳鸽的代言人。这样，石岐乳鸽最正宗的当然是石岐佬乳鸽店。从那以后，石岐佬乳鸽店的生意一下子就火起来了，在接下来的一年内就开出了好多家分店。

接着，石岐佬乳鸽店的老板跟梁伯强订了大批的指甲钳。因为很多香港人在店里吃完饭以后，服务员就问他：先生你今天吃的是公鸽还是母鸽？这下客人就蒙了。服务员就说公鸽和母鸽的营养成分不一样，公鸽是补什么的，母鸽是补什么的。客人这下子明白了，于是吃完了公鸽就打包母鸽回去，生意一下子更好了。

更想不到的是，还有很多香港人吃完了石岐佬乳鸽以后，回到香港就告诉朋友到中山的时候一定要上石岐，乳鸽那个味儿真让人垂涎三尺！你要去的话，按照这个电话号码打，于是就拿出梁伯强定制的指甲钳给朋友看。在这个过程中，香港人实际上已经把指甲钳当玩具了，于是没有这个指甲钳的人赶忙去买，好多人一下子买七八把指甲钳。

梁伯强一个“计上心来”，不仅为石岐佬乳鸽店“正名”，使其生意如日中天，而且也使自己的指甲钳出尽风头，闻名遐迩，销路大开。

这种双赢，是市场营销的最高智慧。这样“既光彩了别人，也照亮了自己”的事，梁伯强干得得心应手。难怪他的“非常小器”指甲钳已成了中国第一、世界第三的“巨无霸”，年销售额超过3亿元。

打破常规的成功

挂面问世以前，人们都是在家里现做现吃，有人挑战规则：为什么不能做一种可以出售的成品面条呢？于是，挂面出现了。后来，有人根据人们生活节奏加快、食品快捷化的特点，又向规则发起新挑战：为什么不可以把面条煮熟再卖呢？于是，方便面成了市场新宠。

打针为什么非得用针头不可呢？美国加利福尼亚大学的研究人员发出疑问。他们用超声波代替常规的注射针头，使涂在人体表皮上的凝胶状药物，从细胞的缝隙间渗入血管，实现了“无痛注射”，而且皮肤细胞没有遭到破坏。

书为什么非得用纸做不可呢？日本索尼公司发出疑问。他们研制发明了便携式激光光盘。这是一本无纸的书，它所用光盘的记录密度极大，一张9厘米直径的光盘，可以记录5本大辞典的内容。

自行车为什么非得用链条不可呢？德国一家公司发出疑问。他们利用万向轴，对一个5档轮毂变速器发生作用，从而发明了无链条自行车。

照相为什么非得用胶卷不可呢？美国柯达公司发出疑问。他们在全球最先推出一种数码相机，以与计算机储存数据相同的方式储存影像，可直接把影像输入网络，也可用计算机把影像放出来或者冲洗出来。

开刀为什么非要用手术刀不可呢？20世纪80年代开始，人类用超声波治疗肾结石患者，不用开刀，用超声波将结石打碎，然后排出体外；利用微型内窥钳，可以把直径小于1毫米的导管插入人体内，进行组织切除、血管修复、止血、缝合伤口、定位给药等医疗处理。

还有很多这样的事……

世界是如此的浩大，我们谁也无法穷尽其真理，这就注定了探索是一个永恒的过程。只有不拘于常理，不事事顺应潮流、听天由命，敢于打破常规、改造环境的人，才能获得成功。

打破常规需要魄力和勇气，需要远见卓识，需要承担风险和忍受痛苦。各种导致社会变革的新思想，最初往往被人们拒绝，甚至曾经是不符合法律的。进步总是时时与传统发生冲突。爱迪生、福特、爱因斯坦以及莱特兄弟在取得成功之前，都曾因标新立异而受到人们的嘲讽。

世界不是静止的而是动态的，并由此变得复杂，变得缤纷多彩。诚然，改变自己的固有习惯，是一件非常痛苦的事情，无论是对于一个个体、一个企业还是一个国家，都是如此。而人世间，没有任何成就感能够比得上创新成功后所带来的喜悦。

打破常规，创新求变，你会拥有更多的成功。

“逼”出来的成功

他，只有小学学历，带着一身农民的朴实，普通得不能再普通。走在大街上没人敢把他和一个拥有20几项发明和专利的专家相提并论。

16岁那年，他去了当地一家五金机械厂当学徒。靠着身上那股子肯钻研的倔劲以及聪明的天资，他很快掌握了一套熟练的机械维修技术，回去后自己办了一家汽配公司。由于有扎实过硬的技术功底，不仅可以帮助客户提供配件，而且还能额外给予维护指导，甚至还能帮客户免费维修配件，因此汽配公司的生意很不错，他大赚了一笔。

两年后，随着当地旅游业的发展和升温，他敏锐地意识到这是一个新的商机，于是把目光瞄准了宾馆行业。在当地开办了一家长城宾馆。由于宾馆需要安装中央空调，当时选派了两名技术人员到空调厂家学习，结果回来连基本的开机也不会，只好再次请厂家的技术人员到宾馆给予指导。空调安装好后，才一个月的时间里，技术人员的维护费用加上空调全开全闭高能耗运行就花了几万元钱，他看了很是心疼。由于全开全闭运行是当时中央空调的技术通病，一开始的时候他也无可奈何，后来，他的倔劲又上来了，他不甘心就这样每月看着空调的高损耗导致的电费白白流掉，他想，能不能给空调增加一个节能装置？在翻阅了大量有关中央空调的书籍，掌握它的工作原理、结构程序，分析之前使用的几个节能产品的优劣后，他利用自己以前从事机械加工的一些技术，经过长达3年的时间，终于研发出适合自己宾馆使用的最原始的空调节能产品。虽然不是自动控制，还需要机械师操作，但长城宾馆还是用这套粗糙的设备节约了一大笔钱。

随后他虚心向专业的大学教授请教，联合起来对这个装置进行优化完善，一种全自动的空调节能装置在他的手中诞生了，用在自己的宾馆中，每年都可以节省几十万元的损耗。一开始，他也没有想到专业生产，只想在自己的宾馆用用就行，后来看到许多工厂在“用电荒”中，无法开工生产，每天都白白损失很多收益，他才开始有把产品投入市场的想法。

在对“文欣”、“鹤群”试点进行科学检测后，节能综合利用检测中心出具了一份报告，认为他的节能技术及装置，节能效果在60%以上，其中省委党校文欣大厦3个月节电21．8万千瓦时，新昌鹤群大酒店两个月节电7．31万千瓦时，他顺利申请了专利，同时引起了时任省长的吕祖善关注，吕省长要求省经贸委和省科技厅给予高度重视，又为这一节能技术连作两次批示，要求做好试点认证并积极推广。

2005年底，中央空调系统节能技术及装置顺利通过了省科技厅组织的由中科院院士主持的科技成果鉴定验收。经专家一致评定，该节能技术及装置多项技术填补了国内空白，综合节能技术已达国际先进水平，形成了一套拥有自主知识产权的中央空调系统节能核心技术，并获得中国专利18项，其中发明专利7项。

此后，他创建了台州光辉自控有限公司，专门生产中央空调节能产品。由于当时的空调节能产品技术都很落后。因此，他的产品一面世，就占领了中国的大部分市场。再后来陆续开发了空调自动排污装置，连体蒸汽电动阀等产品，公司生意红红火火。2008年，和一个名叫皮特的外国人偶然相遇，让他把产品推向了国际市场，如今，公司每年生产总值达到1个亿，其中销往国外的占70%，今年业务量达到1000多万。

他就是台州光辉自控有限公司的董事长马开聪。每次谈及自己的成功时，他总是笑笑说："我是被'逼'的，被'逼'发明，被'逼'成功。""逼"自己也是一种智慧，因为人只有在走投无路、面临困境的时候，身体的潜能才能完全爆发出来。

利用你的缺点

19世纪末，有一位美国小伙子一心想摆脱生活的困窘，于是只身来到纽约。他最初的目标就是找一份店员的工作，但因为没有工作经验，再加上生性木讷，所以没有人愿意雇用他。

整整两个星期，他不停地奔走于纽约的每一家商店，希望有一位善心的老板能够给他提供一个工作机会，让他能够继续留在纽约。他从家乡带来的那点盘缠很快就用光了，即将露宿街头。

终于有一个杂货店的老板答应临时雇用他，但是老板只同意给他提供食宿而不发薪水。即使这样，他还是非常高兴。他干活非常卖力，卸货、上架、清扫垃圾，他一个人干三个人的活儿，从早到晚，不怕苦，不叫累。

但是作为零售商店的雇员他有一个致命的弱点：生性木讷，不善与人交流，尤其害怕和陌生人说话。店小人少，他不得不时常应付那些询问价钱的顾客；打听价钱的顾客常让他手足无措。他的木讷常令前来买东西的顾客懊恼无限，拂袖而去。

老板外出采购，留他一个人在店里，对他来说那是最恐怖的事，他几乎躲在店铺后面不敢出来，有的顾客见没有人甚至会顺手牵羊拿走一些货物。发现丢商品的杂货店老板暴跳如雷，甚至当着他的面说：“你是我见过的最没用的售货员！”

一天，他红着脸对老板说：“我们是否在商品上把价格标出来，这样不是方便了顾客吗？”商品的价格都在老板的心里，有时候根据顾客需求情况，老板还可以上浮一点价格，赚得更多的利润。

“傻瓜才这样干呢！”老板用欣赏马戏团小丑表演的神情望着他。

经过长时间观察，他发现几乎所有商店都喜欢销售利润高的商品，而利润低廉的小商品老板都不愿意备货，而这些小商品恰恰需求量又大，如果把这些小商品集中起来经营，商业前程一定非常好。

于是他果断地从杂货店辞了职，向朋友借了300美元，1879年，他在纽约市开了第一家商品零售店。

这家商品零售店与别的店最大的不同在于，经营的商品都是别家商店不愿意卖的利润微薄的小商品，而且所有的商品上都贴着一张小小的标签，上面标明最低的售价。

商品的价格一目了然，再加上店内货物齐全，商店的名气很快传了出去，连住的比较远的居民也跑过来购物。这用来避免直接与顾客打交道的价格标签，不仅让他赢得了顾客的信赖，还让他赚得盆满钵盈。

后来，他又去别的街道开了几家模式相同的商店，每家都非常成功，在之后两年时间里，他在纽约开了20多家连锁店，所有这些为他带来了无穷财富；在随后10多年里，他不断扩张实力，他的连锁店一家接着一家，在全美国有900多家这样的连锁店，他的业务还扩展到英国、加拿大等国家，到1996年，他创立的连锁店在全球已经超过了8000家，成为世界之最。

他就是被誉为现代零售业鼻祖的弗兰克·伍尔沃斯。他的成功提醒人们，每一个缺陷后面都隐藏着一个成功的机会。不要害怕缺点，也许缺点就是上帝丢给你的一把打开成功大门的钥匙呢！

失败是最好的老师

2010年12月24日，在土耳其安塔基亚举行的女子国际象棋世锦赛尘埃落定，中国棋手侯逸凡过关斩将，最终荣登冠军宝座。侯逸凡只有16岁，她的夺冠，也创造了国际象棋历史上最年轻“棋后”的纪录。

侯逸凡自幼天赋异禀，9岁便获得国际象棋世界少儿锦标赛冠军。此后，她接受名师指点，良好的棋感加上系统训练，她的棋艺突飞猛进，接连获得各种冠军。在侯逸凡与对手的历次角逐中，不乏经典名局。但是，当记者采访侯逸凡，问她对自己的哪些比赛印象深刻时，她略加思索，竟然提起了3场败局。

第一场要追溯到2000年，6岁的侯逸凡参加少儿比赛，一路所向披靡，直至进入冠军争夺战。争冠对手是一名男孩，虽比侯逸凡大几岁，却被侯逸凡犀利的棋风所压制，苦苦支撑到最后一盘。下着下着，男孩小声对侯逸凡说：“我们和棋吧？”侯逸凡立刻拒绝，因为她已占据明显优势，冠军唾手可得。男孩只得硬着头皮继续下，侯逸凡暗自得意，仿佛已经看见了夺冠后妈妈的笑脸和教练挥舞的鲜花。不料，形势急转直下，男孩缓过劲来，反戈一击，杀得侯逸凡无法招架，必输无疑。侯逸凡不干了，对裁判说："他之前就提出过和棋，现在和棋还可以吗？"裁判答道："当时你没同意，依据规则，只能以最终的结果为准。"就这样，侯逸凡到手的冠军飞了，她伤心地大哭一场。在泪水中，她明白了一个道理，人不能因为一时的顺利而得意忘形，笑到最后才笑得最甜。

第二场是2008年世锦赛。年仅14岁的侯逸凡出人意料地杀入决赛。决赛的对手是俄罗斯选手科斯坚纽克。决赛前，很多人预测，侯逸凡的功力已与科斯坚纽克不相上下，加上初生牛犊的冲劲，应该不落下风。在无数人关注的目光中，侯逸凡踌躇满志地上阵了。遗憾的是，人们并没有看到一场针锋相对的对决，侯逸凡下得非常辛苦，感觉处处受限，心理上非常不适，根本没有发挥出正常水平，科斯坚纽克令人信服地夺冠。赛后，教练点评说："科斯坚纽克有过世锦赛决赛经验，尽管当时输给了诸位，但那次失利对她的策略准备和心理准备都是一笔宝贵的财富。这次，明显感觉她的准备非常充分，尤其是在心理上，而这恰恰是你失利的重要因素。"侯逸凡领悟到：成功不是靠运气，而是一个水到渠成的过程，只有在技术、心理和经验等方面磨炼成熟时，成功的果实才会瓜熟蒂落。

第三场是2010年与世界棋王卡尔波夫的"性别大战"。卡尔波夫是国际象棋界的巨人，在世界冠军的位置上长达12年之久。棋王果然名不虚传，尤其是在对残局的判断上，明显高出侯逸凡一筹，侯逸凡输得心服口服。其实，侯逸凡经过多年的历练，棋艺已炉火纯青，在女子象棋界鲜有对手，就连卡尔波夫在赛后也惊呼："侯确实非常厉害，超出我的预料。"但是，与卡尔波夫一战，令侯逸凡清醒地意识到，人外有人，天外有天，任何时候都要虚心前行，学艺之路永无止境。在卡尔波夫的指点下，侯逸凡不再满足于对棋艺的追求，而是沉下心去，从研究国际象棋的历史开始，探索理论，感悟棋道，从而在下棋的境界上更上一层楼。

失败是最好的老师，失败里往往暗藏了一个人最缺乏、最直接的成长营养，我们何必舍近求远，试图从别人的成功法则里获取有用的东西呢?

亏到极致是赢家

有一个商人，从某国家级贫困县买进一种手编花篮，进价是每个10元，然后，他把花篮运到省城卖，每个售价却是8元，比进价还低。这种亏本的买卖，商人却干得津津有味，乐此不疲。但令人惊奇的是，一年以后，他就成为了千万富翁。

这个商人是如何因为这种亏本买卖而成为百万富翁的呢？原来，这个人本来资金雄厚，他为了扶持贫困县的群众致富，做起了这桩亏本的花篮买卖，一年不到，他的财产已经所剩无几，但该县的手工编辑业却发展起来，现在，这种花篮已经打出名气，在市场上已经能卖30多元了。为了感谢商人的扶持，全县的工艺厂家都主动要求把经销权让给这个商人，以出厂价供应，于是，这个商人不仅很快恢复了元气，还成了该县花篮生意的长期受益者。

一家湖北小城市的“立群”超市，刚开业不久，周边大中型的超市已有五六家，小型超市更是数不清，竞争非常激烈。而

“立群”的店址不在繁华商业区，附近也无任何大的居民区，刚开业又没有固定的客群，“天时、地利、人和”一样都不占，业内人士对它的背景并不看好。然而，“立群”开业之后便广发传单，宣称优惠大酬宾，鸡蛋只要2元一斤。谁都知道，这明明是亏本生意，这对于那些善于精打细算的家庭主妇来说，无疑是一个令人振奋的消息，她们奔走相告，于是一传十、十传百、该超市在市民心中树立了物美价廉的口碑。越来越多的人喜欢舍近求远去“立群”购物，这家超市的生意也因此而越来越红火。

生意场上，没有一个人愿意做亏本的买卖，商业效果的原则就是为了赢利，但是竞争激烈、季节变换、生存危机等种种因素，让每个生意人都难免不面对亏本的可能。做亏本生意，也许眼前暂时的亏本，暂时失去一点蝇头小利，但是可以换来机会，换来稳定，换来信誉。“亏到极致”是赢家。生意人若能跳出“不做赔本买卖”的思维习惯，变换一下观察事物的眼光来纵观事物的全貌，等待自己的往往是另外一种模样，另外一种结果。

让成功拐个弯

他的童年十分不幸，6岁那年，他母亲便因病去世，是祖母把他带大的。因为经济拮据，他搬了三次家，换了三个学校。中学毕业考试，他排在全校倒数第七名，这意味着他将失去进一步深造的机会。

拿毕业证的那天，他早早就出了门，一个人来到公园，在那里他看到一群同龄人在草地上玩，他走过去，原来是在玩“高尔夫”球，他提出参加。连续10杆，他都打进了洞。

第一次享受了成功的喜悦，他回家高兴地告诉了祖母。接下来几天，他自己做了一根球杆，在自己家草地上练习。

一天，祖母问他要不要去喜乐运动场，因为那里有一场顶尖级别的高尔夫比赛。他们等了好几趟地铁才有座位，祖母才坐了几站就突然要下车，说她的包放在家里了，他们约好了一个小时后在运动场门口见面。

他感到很惊讶，到运动场，坐地铁都要一个小时，祖母怎么能到呢？结果他刚到，却发现祖母已在那里笑吟吟地等他。

祖母说：我是走路过来的。因为这里到运动场只隔一座山，走路只需拐几个弯就到了。祖母摸着他的头说："傻孩子，只要能到达目的地，又何必拘泥于哪种形式呢？你在学习上没天赋，但并不代表你不能成就一番大事业！"

他恍然大悟，也欣然接受了祖母的安排。在职业学校里，他选修的专业是高尔夫球。他克服了自卑，表现得异常努力。在2000年佛罗里达州的职业比赛中一举成名。他就是吉姆·福瑞克，美国最著名的高尔夫球星之一。

一次记者招待会上，他说："很多人都以为我将一事无成，但祖母发现了我在运动方面的天赋。她说，成功就好比大家争先恐后地赶往同一个目的地，如果都去挤地铁，人就太多，也许很久才有自己的位置，就算赶到了也只能远远地站在别人后面。既然只是一个过程，为什么我们不选择其他方式呢？很多时候走路只需拐几个弯就能捷足先登。"

没有一种成功是可以必然实现的。只要你敢于放弃你不会的，敢于去坚持你所选择的，成功在拐弯后就会越来越近。

忘记你的试用期

我对女友琳达说，巴克莱公司来电话了，叫我下周去上班。琳达欣喜若狂地吻了我一下，叫我一定要努力。我嘴上答应，心里却跟打翻五味瓶一样。

在我们营销系同学眼里，巴克莱就是一块光鲜的鸡肋。说它光鲜，是因为它早已名扬四海，实力没的说，可有经验的师兄告诉我，巴克莱派头很大，别的公司试用期最多一个月，它则是半年。如果不合格，六个月后便要卷铺盖滚蛋了。所以，系里同学戏称巴克莱为鸡肋，越来越多的同学选择抛弃。

可我还是决定去一趟，不是想当英雄，而是临近毕业，其他简历石沉大海，巴克莱公司是唯一伸出橄榄枝的。

奔赴巴克莱，除了那份六个月的合同之外，并没有什么令我不满。人事主管很看重我似的表情说了一句："好好干，公司不会亏待你！"

从上班的第一天开始，我便不敢有丝毫懈怠，严格说来，应该是不好意思。因为这次招聘的不止我一人，其他十来个听说有来自剑桥和牛津的，人家为了能在六个月后继续签约，可谓废寝忘食，我总不能独个儿跷着二郎腿一边闲着吧！

日子过得是昏天暗地。总经理前来视察，满脸微笑，说，不错，我们会选择最优。这话等于一剂强心针，大家更拼了。为了不让自己太丢脸，我也毫不犹豫地跟着上，尽管完全不是他们的对手。

然而，在巴克莱公司，我终究还是闹了个天大的笑话。那天，我完全忘了六个月合同已到期，按事先约定所有试用工要主动找经理谈话的，可我竟傻傻地一大早去了曼彻斯特谈业务，等第二天回来，经理已去法国出差，引得同事窃笑不已。

据说，一起来的试用工表现都不错，经理几乎挑不出什么毛病，我竟然错过了如此良机，看来活该失业。看着别人兴高采烈地在等续约，我懒得理他们，只想一个人静静地完成曼彻斯特这笔业务，然后走人。

可是，一个星期后的通知让所有人大跌眼镜，伟大的巴克莱竟然要和我续约，而且，只与我续约，他们白干了半年。经理解释说，只有每天都把自己当做试用工的人才有资格待在巴克莱。

经理很欣赏我能在180天后还坚持工作的精神，所以把我留下。但我明白，自己并不是真的愿意永远做一个试用工，而是那天记错了日子。当然，这话只能跟琳达讲，在经理面前，我决定从头再来，以新的姿态演绎每一天。

赢在重新开始

他似乎天生就是一个喜欢重新开始的人。

他的学历虽说只是读了两年成人会计专业，可他不顾家人的劝阻，也不要父母给自己安排的秦皇岛税务局的工作，只身闯荡北京！

那一年，他21岁。还不知道何谓“写字楼”的他却想进入北京的写字楼。但这又谈何容易！

进不了写字楼就不进吧！中关村有人要他去给电脑拧螺丝。他想，这个自己能行。可他只做到第六天就被老板炒了。事后他挺天真地说，我以为老板会理解一个初来乍到的人在北京的难处—因囊中羞涩，他住在偏僻郊区，连续5天都是12点才赶到公司。

那就重新开始吧！

他很快就在国贸附近找了份负责给一些外贸企业的电脑清理灰尘与病毒的工作。虽说这个工作不怎么样，可他能找到许多面试的机会。那时IT行业在中国是起步加快跑的时代，新加坡在北京的一家公司让他做网管。工资虽说一般，但工作的性质却让他能拿到数倍于工资的回扣，顶级的外企还更是让他领略到了什么是真正的“写字楼”。

手中有钱了，可以买很时髦的电子产品，可以到自己喜欢的场所去消费。有一件事让他心中很不是滋味，这就是，与同是月收入一万多元的公司副总们相比，自己的眼界、交际圈也不过是一个网管。

他要进IBM。

半年后，也就是24岁时，他与北大、清华最优秀的毕业生一同竞争，居然胜出，成了IBM公司一名最年轻的员工。人们说他在社会这所大学已毕了业。

到IBM本来是做业务，可在这个强手如林的地方，要想成功，就得在某项业务上出类拔萃。他却另辟蹊径，要去翻译资料。这个在高考时英语只考了10多分的他重新开始学英语，当然也得借助工具书，就这样，他竟然将IBM的AIX操作系统手册翻译了出来，这也是当时国内有关AIX操作系统最早的中文资料。这就让他获得了全球优秀员工奖。试用期一过，他即飞往夏威夷度假，这在内地是第一人。

由此，他的重新开始也似乎上了瘾。

第二年，他转型做了一名销售员。一段时间，他的销售业绩也不算差，然而他并不满足，他把眼光盯向了IBM全球最年轻的副总叶成辉。因为叶成辉不仅每年能超额完成任务，而且家庭和睦幸福，在销售行业属于少有的精英翘楚。

为了学叶成辉，他硬是让自己在公司睡地板，一连五天不曾离去。这终于让他发现，与叶成辉相比，自己在销售工作有三个方面差距巨大。一是不能在最短时间内表明自己的目的，二是不能在最短的时间内发现对方的需求，三是不能在最短的时间内把事情按重要性排序处理。

于是，他对症下药，严格要求自己。无论多么复杂的问题，必须在三秒钟、二十个字内说清楚；与人沟通之前，通过观察对方身边的细节，必须在三句话内说出对方最关心的话题，并为此次对话目的服务；他还让自己只做那些缺他不可的事情。

很快，他的销售进入了一个全新的天地，经手的全是千万甚或过亿的销售项目。短短几年过去，不仅是他，而且他所带领的团队也创造了连续多年不败的销售神话。

正在人们羡慕不已时，他却认为自己已走到了外企职场生涯的尽头。他辞职了。他说，我从来都不怕重新开始，我可以自己创业嘛！

是的，他来了他人生的又一次重新开始。

这次他是做策划，他与公司的朋友共用了一个办公场所，策划公司就挂牌了。2007年，横空出世的股票明星胡立阳，就是通过他一手运作策划的。在连续举办了几十场上千人的演讲后，接着他以策划人的身份推出了《胡立阳股票投资一百招》。该书创下了当年股票书籍的销售纪录。

在对胡立阳的策划一举获得成功后，他又把目标瞄准了自己。职场小说风起云涌，如《输赢》、《圈子圈套》、《杜拉拉升职记》等。而写职场小说，他认为结合现实市场需求，自己最有潜力可挖的内容就是销售方面。因为他觉得，在现代社会，只有掌握了高超销售技能的人在职场中才是赢家。他要将这些年在销售上的摸爬滚打、酸甜苦辣、成败得失写成书，告诉职场中人如何在公司内部推销自己的技术，推销自己的想法，推销自己对业务的理解，从而来说服别人获得成功。

8个月后，他的小说出笼了。这部以IBM为背景、内容几近真实、对职场中人有着巨大借鉴意义的书，一放在天涯论坛“职场天地”频道，就引起了广大读者的强烈反响，一时被誉为在外企工作人员的“葵花宝典”。很快，国内几大出版机构就看到了此书的价值，纷纷要与他签订出书合同。

这一下又让他得到了展示自己的机会，尤其他的沟通技巧让出版老总们惊叹不已，他也趁此成了最大的赢家。那天，通过一个下午的沟通谈判，六位老总纷纷愿意抬高价码出他这本书。于是从最初的起印几千册，到最终的20万册，版税也由先前的5%提高到10%以上。这对于一个刚刚涉足文坛的人来说，也算是创造了不凡的版税记录。

他的这一本名为《做单》的小说上市后，一周内就占据了网络销售排行榜首位；一个月内，占据各大书城销售排行榜首位；

三个月后，该书就被一家影视公司看中，以百万元签约卖出影视版权。

他就是1976年出生于北方一个小城市的胡震生。

人生不怕一次又一次开始，是一种不安于现状，一种敢于向自我挑战的拼搏与进取精神。这就像登山，每登上一个山头后，就果决下来，而看准一座更高的山后再次向上攀越。这样，你的人生也就能一次比一次站到更高的高度，也就让自己看到一次比一次更加壮观更为美丽的风景……

思维的误区

人类的思维是一件非常奇妙的事情。认知是思考的行为或者过程，它可以让我们迅速地处理大量的信息。然而，我们的认知并不完美，在某些时候，我们会制造判断谬误，这就是心理学上所说的认知偏差。每个人都会出现认知偏差，它不受年龄、性别、教育程度、智商等因素的影响。认知偏差的事例有些为大家所熟知，有些不常见，但它们都很有趣。

赌徒谬论

一件事已经发生过了，那么此事将来发生的几率就会改变。实际上，这种说法是谬论。必然概率是不会发生改变的。比如你投掷一枚硬币，正面朝上的概率永远是50%，即使你已经连续掷出了100次正面朝上，在接下来的这一次，背面朝上的概率仍然只能是50%，不会增大也不会减小。很多人都认为概率是会发生改变的，特别是在赌博的时候。举个例子，一个赌徒在玩轮盘，那个小球已经连续4次停在黑色区，赌徒就想：下次应该停在红色区了吧。实际上，赌徒的这种想法是错误的。因为小球在下一次转到红色区的几率仍然是47.37%（轮盘共有38个点区，其中红色有18个）。这本来是显而易见的，但几乎每个赌徒都相信概率会改变，正是这种思维的误区让他们输得血本无归。

成见效应

根据一个人某方面的表现，就对这个人下总体的结论，这就是成见效应。对职员的评价往往就会这样。不妨来看个例子：某公司职员毕夫连续3天都迟到，他的上司就会把他评定为思想散漫不爱工作的人。毕夫迟到的原因可能有很多：或许车子坏了，或许家里出了什么意外，或许碰上了糟糕的天气。但上司并不管这些。所以，毕夫就因为某个无奈的原因，被认定是一个不好的职员。

一个人的外表也很容易让人产生成见效应。一个长相丑陋或者形象猥琐的人通常会被认为容易做坏事，而那些容貌漂亮或者有魅力的人则很容易受到欢迎，常能得到好的工作或者其他更好的对待，“以貌取人”是常见的现象。

双曲线贴现

有两笔钱，一笔金额较小，一笔金额较大些，金额较小的钱可以马上到手，金额较大些的钱要过一段时间才能兑现，有不少人宁愿选择金额较小的而放弃金额较大的。这就是双曲线贴现。在人类的各种研究中，有很多与决策有关。我们知道，一个决策从开始提出到最终拍板会受到许多因素的影响。但是，在二选一的决策中，时间的推迟则是一个至关重要的因素。举例来说，有不少人宁愿今天只拿20美元，也不要一年以后的100美元。因为他们认为，一笔钱现在取比将来取更稳赚。也就是说，同是1美元，今天的价值比明天的价值可能会更大。假设银行现在的利率是9%，一个理智的人是不会在意现在取91.74美元，还是一年后取100美元的。但是有一个有趣的问题：二者之间相差多少我们才会选择取现而不去等待？你愿意一年后取100美元，还是现在取50美元？或者现在的金额更少呢？你的临界线是多少？

承诺升级

承诺升级是指人们对已经显露败象的事情继续坚持下去。我们这一生做过许多决定，有些决定是错误或者考虑欠周的。按理来说，我们应该放弃这些失败的决定或者从其反方向进行着手。

然而事实上，有的人不但强迫自己继续坚持自己的选择，还会投入更多。举个例子：你用大半辈子的积蓄去做一单生意，6个月后，很多迹象表明生意会失败。从逻辑上讲，你应当想方设法缩减损失并终止这单生意。但事实往往是这样，由于你已经把半辈子的积蓄投了进去，你会决心硬撑到底，并投入更多的资金希望能扭转局面。

安慰剂效应

某种物质实际上是无用的，你相信它有效，从而产生了积极的作用。这就是我们所说的安慰剂效应。这种反应在医学上尤其普遍。报纸上曾有报道，一位医生给了病人一种药，说这种药会很有效，结果，病人的病情真的得到了改善。其实，医生给病人的药只是糖片。到目前为止，安慰剂效应仍然是一个科学谜题。有理论说，安慰剂有效是“期望效应”的结果。比如，患者期望糖片(其实他们不知)能改善他们的病情，所以他们自我感觉病情得到了好转。然而，这无法解释无效的药片究竟是如何减轻病情的。

当然，产生的结果是好的方面，我们称之为“安慰剂”；如果产生的效果是负面的或者是有害的，就要称之为“反安慰剂”了。

特权不是用的

10年前，我是广告公司的普通职员，月薪1500元。那时候，我最羡慕的同事就是阿蓉，她不用打卡，不用坐班，更重要的是，她月入过万。从其他老同事的口中了解到，阿蓉是在这家公司刚创立的时候入职的。一家广告公司的横空出世，不仅需要老板有实力，有一定客户资源，更需要能处处站在公司角度考虑问题的员工，而阿蓉就是那样的员工。

她不仅一人做出了整个业务部80%以上的业绩，在因公开销方面也总是能省则省。一年后公司进入正轨，阿蓉理所当然地成了业务部经理。阿蓉做了经理之后，一向对自己要求严格，经常早早到公司提前准备拜访客户的资料。

那时候的我，常常不明白阿蓉为什么这样不懂得享受生活，不懂得利用特权边工作边享受……有次跟阿蓉去见客户，在路上，我表达了内心的困惑。

阿蓉说：所谓特权，其实都是给遵守制度的员工的，特别是在私人企业。老板认可你，就会给你一定的特权，也有可能随时收回。如果我真的像你想的那样，天天睡到自然醒再来上班，工作自然就没有热情和激情。现在我每天晚上11点睡觉，早上7点准时醒来，良好的生活规律让我有好的身体，也让我拥有不变的工作热情。而且，如果我总是不在公司，老板找不到我，恐怕他很快会收回特权了。

后来，我离开了那家公司，到一家大型广告公司做策划主管。这是一家集展会、网络、DM杂志为一体的集团公司。我加盟时，正是新一期展会马上开展之际，大量工作都堆在案头。在和相关的同事沟通了之后，我把近一周所要完成的工作一项一项列了出来，然后从物料准备到流程制定，我都逐一落实到具体的责任人。

老板看到我写的工作安排说："好好干，思路挺清晰。"

所有的工作进展都很顺利，但就在开幕式即将开始的时候，突然下起了雨。原来准备在广场上举行的开幕式并没有搭建遮雨篷，也没有考虑到会有这个意外情况。虽然这事儿不是我负责，但看着总统筹着急的样子，我主动找到展馆负责人，请他们立即安排工作人员，将开幕式背景板移到展馆中间的大厅。在大雨倾盆之际，开幕式在展馆大厅中顺利举行。

我也因此受到老板嘉奖，入职不足一个月的我，提前转正。转正就意味着加薪，意味着有了五险一金的福利。

两年后我已经成了这家公司的副总经理，同时，我也有了当初同阿蓉一样的特权——不打卡，不坐班，有事无须请假……所有的同事都羡慕不已，一如当初的我。

但他们可能没有注意到，上班这几年来，除了一次大堵车之外，我没有迟到过。和当初的阿蓉一样，我一直像一个刚入职的员工那样要求自己，小心翼翼地呵护自己的那些特权。

因为我知道，特权不是给你用的。

你的木桶装多少水

我经历了人生中作为招聘者的第一场招聘会，第一次坐在了发问的这一边。看着一张张殷切的脸庞，我的任务却是提出一堆让他们眼里的光芒收敛起来的问题。

遇到一个女孩，说了一通自己的特长之后，我看着她的简历说："你说你会Indesign软件，可你连软件的英文都拼错了。"那个女孩脸红了红，说："哎呀，这是昨天匆匆忙忙赶出来的，所以可能拼写有错误。"

那一刻她已经失去了面试的机会，因为她可能以后在工作的时候借口说来不及而犯错误。

几乎每个人都有一张"毕业生推荐表"，上面的推荐语也几乎千篇一律。这张毫无性格的推荐表，并不能多么帮助一个人获得他的工作。

如何告诉面试官"我就是你要找的人"呢？至少要让看简历的人知道：除了成绩优秀，你也明白什么是社会，你能力出众，你能够奉献，你清楚公司是个什么样的组织，你愿意服务大家。

一个学生会主席递来一张简历，上面写着她的社会实践：“组织过某个大型的国际学生会议，与伦敦、纽约、台湾等地区的大学建立了长期的合作关系。”这句话无疑是一根长长的木板，但是我要敲打一下它的可靠性。

“你是怎么联络这些著名的大学的呢？”我问。

“嗯，给他们发e-mail啊，国外的大学网站做得很好的，上面都能找到相关的信息，发信去邀请他们来参加会议，有回应的就继续谈。”她说。

嗯，看来这不是什么有技术含量的事情，不过群发邮件然后守株待兔。这根木板立马短了一寸。

“那你具体做些什么事情？负责哪几个环节？”我继续问，我想知道她的作用是否不可替代。

“哦，我就让我们组里相关的负责人去做的，他们得到回应之后，我去申请经费。”

“那，其实你没有亲自与伦敦、纽约、台湾等地区的大学建立长期的合作关系咯？你做的事情就是打报告咯？”

“话不是这样说的。你说世博会，大家肯定说是市长办的，不会说是底下哪个具体的人做的……”她辩解着。她本可以详细说一下她的组织能力，或者强调一下她如何协调整个活动。可是她却如此辩解，我无语地看着她，眼睁睁看着她的长木板成为了一块短木板。

给我留下印象最好的一个面试者，是一个腼腆的女孩。她的简历老老实实，当问到会不会某个软件的时候，她很诚实地说：“不会，但是我可以学。”她要回了她的简历，说等她学会了那个软件之后，拿着作品再来面试。这一刻，她已经赢得了她的下一次机会。

如果想去一个公司做事，那你要能展示自己的学习能力和协作能力，你有踏踏实实的业绩和实践，你的木桶里存储着足够多的水。

每天让自己进步一点点

哈佛大学的老师常在课堂上对学生说："成功不是一蹴而就的，如果我们每天都能让自己进步一点点——哪怕是1%的进步，那么还有什么能阻挡得了我们最终走向成功呢？"每天进步一点点，并不是很大的目标，也并不难实现。也许昨天的"我"也曾努力磨炼并获得可喜的成绩，但今天的我必须超越昨天的"我"，更加进步，更加充实。人生的每一天都应该充满新鲜的东西。

每天进步一点点就已经足够。在人生的道路上，每天前进一点点，就是稳健的、持续的前进过程。"不进则退"，只要是在前进，无论前进多么小的一点都无妨，但一定要比昨天前进一点点。人生也必须每天持续小小的努力，才能有所成就。

只要我们每天进步一点点，一年就进步365个一点点，持续这样做，人生中任何一点点差距都有可能在几年后相差十万八千里。每天一点点，是我们学习所需要的，也是我们一辈子需要做的事情。每一个人天生都是平凡的，不要幻想自己突然就能脱胎换骨，马上就能成为一个天才。要知道，从平凡到优秀再到卓越，你需要做的仅仅是每天进步一点点。

在1985年的美国职业篮球联赛中，洛杉矶湖人队靠着各位球员已达顶峰的球技，赢得冠军可以说是唾手可得。但是在决赛时，却意外地输给了波士顿的凯尔特人队，这让教练派特雷利和所有的球员都极为沮丧。

派特雷利是湖人队以年薪120万美元聘请来的教练，他绝不会让自己和球员一直在沮丧中停滞不前。为了让球员重振信心，他告诉大家说："从今天开始，我们可不可以罚篮进步一点点，传球进步一点点，抢断进步一点点，篮板进步一点点，远投进步一点点，每个方面都能进步一点点？"球员不假思索地答应了他的要求。在之后一年的训练中，球员始终抱着让自己"进步一点点"的精神，不断地提高自己的球技。

终于，在1986年美国职业篮球联赛中，湖人队不负众望，轻而易举地夺得了冠军。派特雷利在获得冠军的时候，对球员们说："我们的成功不是偶然的，想想，我们12位球员一年中在5个技术环节方面分别进步了1%，所以一个球员进步了5%，全队就进步了60%，在球技上处于巅峰的湖人队，提升了60%，甚至更高，所以我们获得出人意料的成绩是理所当然的。"

每天进步一点点，听起来好像没有冲天的气魄，没有诱人的硕果，没有轰动的声势，可细细琢磨一下，却说出了做人做事要始终如一、求真务实的道理。每天进步一点点，是从小成功到大成功的日积月累；每天进步一点点，是自信心的聚少成多；每天进步一点点，是对失败和挫折的不屑一顾；每天进步一点点，是实现完美人生的最佳路径。

在哈佛，学生们都有这样一种共识：每天都有点滴的进步，不仅能让自己的内在潜能得以充分的发挥，也能积累成功的资本。的确，成功就是每天进步一点点——只要我今天比昨天进步一点点，明天能比今天进步一点点，这样的过程就是成功。

千里马只能打八折

侄子前年大学毕业，当年填志愿的时候报的是当时的热门专业，结果等到毕业了却发现合适的工作岗位上都已经人满为患了，想找一份合适自己的工作很难。当时我给他讲了个故事：一个博士毕业后找不到合适的工作，他先拿本科文凭找了份一般的工作，然后在本职岗位上脱颖而出的时候又拿出硕士文凭来给主管看。在新的岗位上他又表现出了比一般硕士更强的工作能力，这时候他才拿出自己的博士文凭来给总经理看，结果受到了重用。我建议他：先找个工作干着，是金子总会发光的。

但前几天他却对我抱怨，说是金子也不见得会发光，因为可能压根就找不到发光的机会。

他学的是机械制造专业，应该说到那家企业工作正是专业对口。作为一名自贬身价以先进入该企业为目的的大学生，企业领导并没有拿他当回事，分派他去企业内刊协助编辑工作，因为专业对口，再加上有一定的文字功底，他很快就胜任了这份工作，并屡屡得到领导的好评。但是，当初设想的先进那家企业，然后靠自己的表现循序渐进到那些比较受重用，薪水也高得多的管理、技术岗位上的方案，早就成了镜花水月，因为工作性质不同，自己压根就得不到在这些岗位上表现自己的机会。而且，由于在这个岗位上干得比较好，他已经永远失去了被调换到希望中的岗位上的机会。侄子哀叹：即使现在跳槽，自己以前的工作经历也几乎没有一点作用，因为在自己的专业方面还没有一点工作经验，换个工作也只能从头干起。

从他的角度考虑一下，不得不承认自己当初的想法的确有问题。千里马只有站在任意驰骋的岗位上，才有机会展示自己的千里之能，如果放在拉车推磨的岗位上，那最大的进步就是靠拼老命出大力得个吃苦耐劳奖，因为“在本职岗位上表现突出”甚至还会离自己真正拿手的岗位越来越远。

邻居海边卖珍珠项链，生意很是清淡，问的多买的却少，想来旅游者都被景点上的假货给吓怕了。但收入尚可，奥妙就在于进价比较低卖价翻两番，一天能卖出一两件就足够了。有一天我陪客人在海边转，去找他买两条项链，顺便跟他聊了一会儿天，期间有几个游客过来讨价还价，不过最后都没有成交。我在旁边看得纳闷，就劝他：“一百一条人家不要，你就卖八十呗，就是六十块钱一条，你不也是赚一半利润吗？”

邻居摇摇头：“我要一百五，实际上一百块钱就卖。但如果卖不了一百，那顶多就只能卖到五块钱了。要是守不住一百块钱这道槛，就等于承认自己卖的是低档货了，这么好的项链甚至连五块钱都卖不出。”

从公司的管理者角度来考虑，也是如此。那年去辽宁千山旅游，同事在山下看上了一把小木头斧子，他悄悄跟我说：已经讲到二十块钱了，你再帮着讲讲？我打算买一把回去放家里镇宅用。看小斧头圆头圆脑的很好看，我跟小贩说如果价钱合适的话，自己也想买一把。结果最后一把小斧子十五块钱成交，我和同事各买了一把。

后来到朋友家去玩，发现他买的那把小斧子已经被儿子放到玩具箱去了。我问他，你不是买回来想挂在厅里镇宅用吗？朋友哈哈一笑：“才十五块钱的东西，会有什么镇宅功能。”

作为宝石被购买的祖母绿，才会有被镶在戒指上的机会，否则只是一块看起来颜色比较鲜艳漂亮的石头而已。尊重自己的价值，守住价值的底线，才容易说服世界认同你的价值，并付出相应的价格。

如果你确信自己是匹驰骋疆场的千里马，那最多可以给自己打八折接受一匹驿马的薪水，而绝不要为了一时之温饱接受一个驾车的岗位。

第二章
Chapter 02

找对成功的方向

80后女孩的香水世界

走进“香水之都”

80后女孩杨琳，出生在太原市一个知识分子家庭。2004年考入格拉斯大学学习艺术设计专业。

格拉斯是有名的“香水之都”，世界上的大牌调香师大多出身于此。房东塔娜告诉杨琳，格拉斯位于距地中海20公里的山麓上，海风湿润，阳光充足，各个品种的花都能找到适合生长的海拔高度，因此四季香气袭人。

早在1614年，随着王室大量使用香水，小城成了法国香水的摇篮。1920年，服装设计师香奈尔小姐将目光瞄向香水市场，为此专程来到格拉斯，学习用嗅觉感受玫瑰、紫罗兰及木兰等不同花朵的特色香气。在香水调配师恩尼斯的协助下，香奈尔最终在无数样品中选出了第5号，闻名于世的香奈尔5号就这样诞生了。

为“精灵”设计“翡翠屋”

杨琳被这座花香怡人的小城迷醉，2008年大学毕业后，在有上百年历史的FDURTI公司，找了份香水瓶设计师助理的工作，月薪2500欧元。

参观香水制造的流程时，女孩一边如朝圣者般用心感受，一边诧异这各种形状笨拙可爱的铜质器具、管道、木桶、瓶子，如何与美妙的香水相联？香奈儿女士说过，一款好的香水如果没有独特的香水瓶造型设计，即便再完美，也无法博得大多数人的青睐。

杨琳的上司斯卡瑞是位高大帅气的法国人，别看只有38岁，在香水瓶设计圈子里却是大名鼎鼎，一些经典作品甚至被欧洲博物馆收藏。而对方之所以选中杨琳作为助手，是想从女孩身上找到一些来自东方文化的创作灵感。

斯卡瑞的博学令女孩颇感震惊。他告诉杨琳，公元前1500年，埃及人已经开始制作香水瓶了。那是什么年代？没有互联网，没有Iphone，也不能飞到维也纳参加音乐会，太无聊了，所以贵族们玩香水瓶。后来，罗马人在透明的玻璃上面画上色彩斑斓的纹饰，贵妇们更是迷疯了。有些香水瓶小巧精致，加上金银饰物，可以挂在手腕上炫耀呢！杨琳被师傅幽默的讲解逗得哈哈大笑。

在斯卡瑞手下工作半年后，有点心浮气躁的杨琳，开始模仿他的手法设计自己的作品。她花费整整两个月时间设计了一套梦幻系列的香水瓶，瓶身都是像爱丽丝、白雪公主那种可爱型，个个身材苗条有着优美的弧度。杨琳的自我感觉非常良好。一次师父到瑞士旅游，杨琳借机把一件“很看好”的作品送了上去。没想到很快就被公司“毙”掉。评香小组（由16位公司的业内人士担任评委）给出的结论是：平庸之作，毫无特色！

斯卡瑞先生回来后，对杨琳毫不客气地进行了批评。他说一套好瓶往往来自绝妙的灵感，是可遇而不可求的，对于设计师来说，一件好的作品可能出现在明天，也可能出现在3年以后。著名品牌Lanvin在设计“真爱”香水瓶时，为了力求完美，他花了整整5年工夫。“一位优秀香水瓶设计师，哪怕让公司白白养活几年，也不会去创造自己并不喜欢、毫无个性的作品，否则就是砸自己和老板的牌子！”师父的这顿训使她猛醒，作为一名设计师，你可以勤奋，可以“高产”，但前提是要对自己的作品负责。

用中国元素闯出一片天

一次，杨琳偶然从画报上看到一种古埃及风香水瓶作品，觉得特别有趣。造型是以金字塔的狮身人面守卫神像为主题，瓶盖的设计也十分特殊，透明的玻璃代表的是古埃及最崇拜的太阳。这些作品都出自100多年前的法国大师之手。

2009年3月，女孩在意大利一家私人博物馆里还看到过一件极富中东色彩的香水瓶，明显的伊斯兰宝寺风格，而香水瓶盒上所绘的正是伊斯兰君王行乐图。看到这件作品，杨琳脑海里马上闪出中国清代的鼻烟壶。这才是真正的民族特色！随后，她马上设计了这样一个香水瓶：瓶身是一个有温润玉色的仿天坛，画面十分唯美，瓶盖是个蹲有一只中国守门兽的印玺。这件作品因颇具东方文化神韵，受到公司上层的一致好评，并得到老板3万欧元的奖励。

2010年夏天，杨琳又以“敦煌飞天”、“八仙过海”等题材推出一系列彰显中国元素的作品。丰富的立体构成、变幻无穷的色泽及张扬个性的肌理，她在一个小小的香水瓶上，将每一个设计元素的作用都发挥得淋漓尽致。

杨琳说，现在国人对顶级香水瓶还存在不少误解，比如认为“香水瓶不过是香水设计的最后一步罢了”，其实刚好相反，大多数的香水品牌在构思出新香理念后，第一件要做的事就是找来大师设计出有感觉的香水瓶，通常是香水瓶出炉后才轮到调香师出场。也许你会觉得“收藏香水瓶MINI很有型”，但事实上比例最佳的瓶身都是50ml那种，那才是设计师真正的作品，大小号只是事后缩放的衍生品。而且迷你款的制作工艺级数较低，通透感和精细度都大打折扣。

2011年6月，杨琳被当地一家独立设计公司SDFREN挖走，年薪24万欧元（超过200万元人民币）。在这里她又见到不少新鲜事，比如老板竟聘请建筑师和家具设计师设计香水瓶，以便有更拉风的作品出现。还有，如同电影明星穿衣怕“撞衫”一样，大牌香水的外包装一旦雷同，设计师就会觉得很丢脸。

杨琳说，目前在国际高级香水市场，鲜有中国本地的品牌能够进入大众视野。尽管有些产品质量并不低于国际知名品牌，甚至有着悠久的生产历史和良好口碑，但由于一直在外包装设计上给人低端货的印象，乏人问津。相反，很多价格昂贵质量一般的外国香水，只因穿着靓丽精致的外衣，在我国市场上却颇受追捧。这真让人感到一种说不出的悲哀。

2012年，她准备回国在上海创办一家专门设计香水外包装的公司，也许用不了多久，西方人就会被中国香水的芬芳所倾倒！

较真的德国人

我的朋友在郑州开了一家外贸公司，代理销售德国生产的工业打印机。

一年前，一个客户向朋友反映，打印出来的图像模糊。朋友查了半天也没有找到原因，只好免费给他更换了一个部件。一次，朋友和德国的工程师聊天时，提到此事。工程师要求他马上把部件快递回去，并说快递费由德方出。

在将近一年的时间内，这个事情再没有下文。朋友以为这个事情就这样过去了，没想到一年后却收到了德国方面的一封邮件，要求他支付200元人民币的快递费。因为在当初的合作协议里面规定：如果产品质量有问题，快递费由德国公司出；如果是使用不当带来的问题，则由朋友的公司出。而这次是因为使用不当造成的，所以该由朋友的公司出。当时朋友就觉得德国人太小气，作为长期合作伙伴，一年前的200元快递费还值得发邮件来讨要？

朋友接着看邮件的内容，又发现德国人不但“小气”而且“较真”。原来，这个部件是第一个从中国退回去的，寄到德国后，引起了德国公司的很大轰动。因为仅仅是一个部件，很难判断是怎么回事。公司组织科研人员模拟客户的各种使用情况，依然找不到原因。后来，德国公司派人秘密来华考察，才得知真相：那位客户使用了一种特殊的打印纸，影响了打印效果，而那种打印纸已经不允许在打印机上使用了。

就这样，因为一个零部件问题，德国人先后参与了十几个人，用了一年时间才知道真相。之后，也没忘了按照协议索要应该由朋友支付的200元快递费。

知道了这些经过，朋友心甘情愿地掏出了200元。因为，德国人的较真并不是胡搅蛮缠。正是这种较真，他的打印机才能那么畅销；也正是这种较真，德国产品才会享誉全球。

爱情盆栽

他来自台湾，在北京一家旅游公司上班。一次偶然，他喜欢上了一个女孩，交往了很久，却不知如何表达，一颗心整天起起落落。

那天，他鼓起勇气，约她一起去逛花卉市场，各种奇花异草，让人不由眼花缭乱。逛得有些累了，他们想买些饮料喝，却发现附近没有卖的。女孩低下头，轻轻抚弄着一盆薄荷，笑着说："如果可以把它吃下去就好了，一定很清爽！"

说者无心，听者有意，做过餐厅生意的他，立刻忽发奇想：如果能做出一款薄荷甜品，说不定可以打动女孩的芳心！想到这儿，他立刻订购了几盆薄荷，回到家里仔细研究起来。

最开始，他把薄荷的叶子切碎了，和奶油放在一起，感觉口感不太理想。接着，他把黄瓜洗干净，切成大小均匀的小丁，再把薄荷的叶子放进去，搅拌成沙拉的样子，把它们放到冰箱里冷冻一下，吃起来又凉又爽。

可是，他还是不满足，感觉似乎少了些浪漫的元素，正在苦思冥想之际，忽然看到电视里插播巧克力的广告，他立刻灵机一动：女孩子都喜欢巧克力的味道，如果把它和薄荷放到一起，一定是更完美的结合。

经过无数遍试验，他终于做出了梦想中的薄荷甜品。在做了一番精心准备之后，他打电话给心仪的那个女孩，约她在一家咖啡店见面。约会的时间到了，女孩刚刚坐下，看到他手里捧着一个小小的薄荷盆栽走来，笑着对她说："请品尝一下我亲手为你做的甜品吧！"

原来，这正是他的独家创意。先把香软的巧克力蛋糕放在花盆底部，上面浇一层糖浆。为了更有爆点，寻求唇齿间小小的刺激，他还特意加了一勺跳跳糖。接着，把薄荷叶做成的冰淇淋放进去。为了让"盆栽"看起来更逼真，他不仅特意在它的表层撒了巧克力饼干，还插上了新鲜的薄荷叶，看起来生机盎然！

女孩惊讶于他的一番苦心，在仔细品尝了这款甜品之后，忍不住冲他竖起了拇指。这甜蜜而有趣的一幕，正好被旁边的一个男孩看见了，他立刻跑过来说，女朋友后天过生日，正为没有合适的礼物发愁，如果能买到两盆这样有创意的盆栽，她一定会很惊喜！

他冲男孩眨眨眼睛，调皮地笑着说："这是我特意为她做的，独一无二，根本买不到！"男孩叹口气，眼神里全是失望。女孩有些不忍心，悄悄跟他说："再为他做一份吧，为了美好的爱情！”

他立刻一口答应了下来，第二天就做好了两盆可以吃的“盆栽”。没想到的是，男孩带着这份特殊的礼物去参加女友的生日聚会，很多人都喜欢上了它，纷纷打电话咨询，希望也可以订购。

既然这份爱情创意如此火爆，他干脆辞去原来的工作，和她一起开了家甜品专卖店，研究开发出一系列的花草冰淇淋，其中有玫瑰荔枝冰、紫罗兰口味的果冰等等，很多情侣慕名前来，生意红火得不得了。这位心灵手巧的小伙子叫李明，短短一年的时间，他已经在北京开了5家分店，雇了30多名员工。当然，在事业红红火火的同时，女友小荷一直陪在他的身边。

一个小小的创意，不仅赢得了美好的爱情，也得到了意想不到的财富。爱情“盆栽”，就这么神奇。

把贫穷圈进财富里

仅仅用了一年的时间，这个村落就发生了翻天覆地的变化，旅游收入让他们个个腰包鼓了起来，彻底脱贫了。

在美国亚特兰大北部的一个乡村里，有一名叫约翰·凯恩的农民，多年来，约翰·凯恩一直继承家族的传统，靠种植玉米为生。但由于玉米在美国是一种极其廉价的农作物，因此很难卖出一个好价钱，所以虽然约翰·凯恩非常勤奋地耕耘着家中的十几亩玉米地，但也仅仅是养家糊口而已，无法因此而过上富足的生活。

后来，约翰·凯恩的儿子小约翰从学校毕业后，也加入到种玉米之中来，帮父亲一起耕种玉米地。有一次，他们从外面请来了24名工人来给玉米地锄草，期间，天突然下起了大雨，结果把24名工人全困在郁郁葱葱、半人高的玉米地里，原来是十几亩的玉米种得错综复杂，第一次来这里干活的工人根本找不到出口，直到约翰父子把他们一一领了出来。

这件小事一下子触动了小约翰，他从中看出了一个致富的新商机。接下来，小约翰到城里请回来了几个美术和植物园艺剪裁高手，让他们帮自己在玉米地里设计出和剪裁出一个个大的玉米“怪圈”迷宫。

当这个绿色的迷宫被设计好后，约翰父子又邀请城里的旅客前来自家的玉米迷宫里参加捉迷藏和寻找出口的游戏，并且适当从中收取一些费用。

很快，这一新型的、放在大自然中的娱乐游戏大受人们的欢迎，前来感受玉米怪圈迷宫的神奇魅力的游客越来越多。如今每年约翰家的玉米地接待的游客多达15000多名，由此他们也从中大赚了一笔，其收入比之前单纯卖玉米要多出无数倍。

无独有偶，在埃及有一个村庄，由于地处偏僻，资源贫乏，而且文盲人口众多，因此多年来一直是埃及最贫困的村庄之一。虽然一届一届的村长也都是想尽办法脱贫致富，但最终都是因为没有什么有效的招数而不了了之。因此，当其他的村落都一个个先后发展起来了，这个村庄的面貌依然还是跟几千前的古埃及村庄一样，贫穷而落后。

后来，一位“空降”过来的村长突发奇想，他认为，既然他们现在的村庄和很多年的古埃及村庄基本上没有什么两样，那么就干脆在贫穷落后上做足文章，打造出一个现实版、活着的“古埃及村庄”，这样一定会吸引不少人过来参观旅游，贫穷落后也是一种文化旅游资源呀。

于是，村长开始带领村民在原有的基础上，把村里所有的房屋都改建成古代埃及时的模样，之后，村长又精心挑选了250名村民，其中包括老人，儿子，妇女和青壮年，让他们入住改造后的“古埃及村庄”，并将他们的生活全都“古埃及化”，让他们完全按照几千年前埃及人的穿着打扮和生产生活劳动，每天都牵着牛羊出去干活，拉磨。

同时村长还请来了植物学专家，在他们的帮助下，重新恢复了在埃及灭绝了1900多年的纸沙草的种植，并且让这些纸沙草成为埃及传统手编制工艺品的原料，仅这一项就为近万人提供了就业机会。

活着的古埃及村落，最原始、最原汁原味的古埃及文明，这样的宣传口号一下子吸引了众多外来旅游者，人们纷纷从世界各地赶过来，目的就是来看看作为人类历史上最为古老民族的古埃及人，到底每天是怎么生活的。

而其他250名之外的村民则负责后勤保障工作，为游客们提供餐饮、住宿等服务，或者推销旅游纪念品。

仅仅用了一年的时间，这个村落就发生了翻天覆地的变化，旅游收入让他们个个腰包鼓了起来，彻底脱贫了。

从单纯的种玉米到打造玉米绿色迷宫，从始终如一的守贫到“因贫”利导的古埃及村落，思维观念的转变带来的是令人瞠目结舌的美好结果。而这一切仅仅是需要做到玉米不当玉米卖，贫穷不当贫穷看，而是设法将它们圈进财富里。

不卖火柴卖声音

在丹麦安徒生的童话世界里，有一个卖火柴的小女孩儿；而在中国苏州，也有一个童话般的小女孩儿，但她卖的不是火柴，而是“声音”。这个卖声音的童话般的女孩儿叫韩晓鱼。

2009年，韩晓鱼高中毕业后，在淘宝网开了一家网店，由于一时疏忽，被供货商骗去3000元钱。韩晓鱼心里很郁闷，便和哥哥嫂子出门旅行。在峨眉山，童心未泯的韩晓鱼一时觉得好玩，录制了猴子的欢快叫声，并把它设置成手机铃声。韩晓鱼哪里想到，她的无心之举，成就了日后“声”名远播的“卖声”事业。

旅行归来后的一天，一位在幼儿园做老师的邻居找到韩晓鱼，说她的孩子非常喜欢猴叫声音的手机铃声，吵着要，问韩晓鱼可不可以把铃声卖给她。韩晓鱼哪好意思收钱，但邻居执意要给，韩晓鱼只好收了她5元钱。事后韩晓鱼却从这件事上得到启发：原来“声音”也可以当做商品来卖！当韩晓鱼向家人说出她想卖声音赚钱的想法时，家人都说她想钱想疯了，要不就是发烧说胡话。但韩晓鱼是个有主见的女孩儿，她认准的事就要执著做下去。

韩晓鱼买了高质量的录音装备，跑到动物园近距离地录制各种动物的叫声，还特意到深山里录制鸟鸣、池塘边录制蛙声、大树下录制蝉鸣……不久，她的声音库里就储备了各种声音：小溪、瀑布等流水声；啄木鸟、喜鹊、麻雀、老鹰、布谷鸟、蟋蟀和青蛙等鸟叫和虫鸣。之后她找专业公司制作成“动物声音”光盘，蹲在各幼儿园和中小学门口兜售，深受欢迎，还被有的学校定为“声音教学”的教材。

初战告捷。韩晓鱼轻松捞到了第一桶金。她乘胜追击，又针对每天跟繁杂家务打交道、因此常常失眠、脾气火爆的家庭主妇，开发出一款“催眠安神曲”—马尔代夫的海潮声。一经推出，出乎她意料的是家庭主妇问津寥寥，而老公们却追捧有加。他们把它戏称为“避雷针”，说自己的老婆听了一段时间之后，睡眠得到改善不说，脾气也变好了。

这一下，韩晓鱼采集“声音标本”的劲头就更足了。她远赴西藏录制一种稀有鸟类的鸣叫声；花数千元专程去北京野生动物园录制娃娃鱼的叫声；奔赴全国各地收集了几十种有特色的主要方言，做成了“乡音大全”；天坛的回音、敲打木鱼的诵经声等等都被她做成了音频，并在她的淘宝网店上设立“卖声音”专区，让更多的人了解她的“声音”。

很快，热爱自然的都市白领、追求原生态的时尚达人，还有发觉其中有利可图的手机铃声商纷纷登门求购他们需要的“声音”。在摸索中成长的韩晓鱼，还细心地发现，5岁壮年公猴的叫声可以驱赶害虫，鼠王的尖叫声可以吓跑老鼠……她把这些“特殊的声音”分门别类做成专辑，有针对性地卖给正深受虫害的农场和有老鼠骚扰的家庭。韩晓鱼的“声”名越来越大，苏州的一些酒吧老板也盯上她，开出高价出场费邀请韩晓鱼去自己的酒吧里举办“音悦会”。

在未来的道路上，韩晓鱼信心满满同时又野心勃勃。她说，她准备在2011年国庆节那天，在豆瓣网举办一场主题为“历史的音河”的“音悦会”，向世界发出她的“声音”。如今，她正忙着奔波在国家档案馆和拜访名人的后代，寻找毛泽东、周恩来等历史伟人的原声。

很多时候，有些看似“不可能”办到的事情，其实并非真的完全“不可能”办到。“卖声音”这种让人觉得不可思议的事情，韩晓鱼不是一样把它实现得很完美吗？

嘲笑声中的机会

雷浪声出生在广东韶光一个普通的农村家庭。由于家境一般，父母从小就对他严格要求，希望他能够努力学习，将来跳出农门，改变自己的命运。

然而，天意弄人。一向成功优异的雷浪声却在高考中折戟。2009年，雷浪声以10分之差与本科大学擦肩而过。落榜的那个夏天，雷浪声心情低到低谷。他对这个世界的热情仿佛随着这场考试一下子全部消失了。从此，他整天躲在家里不敢出门，因为，他害怕世界的嘲笑。

有一天晚上，雷浪声起来上厕所，途径父母的房间时，听到房内一阵隐隐的啜泣声。原来，是母亲在委屈的哭泣。

父亲轻轻地安慰道：“你别把那些女人的话放心里去，他们都是一群大嘴巴。”

母亲哽咽地答道：“我不在意别人辱骂我，但是她们不能侮辱浪声，不管怎样，他都是我最骄傲的儿子。”

听到这里，雷浪声知道发生了什么。也在那一刻，他的眼泪默默地流了下来。他暗自告诉自己，为了爱自己的母亲，为了那些铺天盖地的嘲笑，他需要站起来，他需要重新证明自己的能力。

为了不给家里增添负担，雷浪声没有选择复读，而是选择了去一所专科学校就读。他相信，英雄不问出处。2009年9月，他入读广东农工商职业技术学院，学习热门的游戏专业。

在大学期间，雷浪声对手机软件产生了浓厚的兴趣，经常利用课余时间临摹手机桌面，上网游览最新的技术动态。有人嘲笑他："你每天关注那破手机信息，这样就能有好前途？"对于别人的不理解，雷浪声一笑而过。

大二时，他决心与人合作做UI设计。然而，这个想法一说出来，班上的很多同学都扑哧笑出声来，说："你真的不愧是姓雷，连说话都是这么雷人。连重点本科院校的学生至今都没有这个能力，就凭你一个名不见经传的小专科生也能搞成这么大的事，我的名字以后就倒着写。"

雷浪声微微一笑，这么多年来，他所遭遇的嘲笑不绝于耳，如今，他早已懂得放下。他决心坚定自己的信念，踏着别人的嘲知，勇往直前。

2011年暑假，雷浪声与几个在网上结识的80后朋友来到深圳，租了一间终日不见阳光的小民房，组成一个6人团队，开始了手机软件开发之旅。那段时间，由于资金的限制，他们过得十分艰苦。每天，他们只能订一餐外卖，其他的时候，饿了只能以泡面充饥；住宿环境也十分恶劣，6个人加上所有的机器设备，活动范围不足500米，有时候连续加班30多小时，累得连眼睛都睁不开。

然而，就是凭借这样坚毅的精神，暑假还未过完，团队的第一款产品“刷机精灵”第一版本正式上线测试。当天晚上，6个人在小黑屋附近的烧烤档喝个大醉，压抑的心情释放成泪水。

不久，雷浪声的“刷机精灵”开始被外界关注，所在团队也幸运地得到百万级的天使投资基金。2011年8月中旬，雷浪声以团队名义注册成立“深圳瓶子科技有限公司”。同年底，雷浪声的团队接受了1800万元投资入股。2012年，百度[微博]、盛大、腾讯等互联网巨头开始插足刷机行业，其他的大小竞争对手陆续涌现出来，面对巨大行业竞争压力，团队加速产品更新迭代，持续保持在行业领先位置，赢得国内互联网巨头的青睐和关注。

2012年8月，也就是雷浪声毕业就没到一个月，腾讯CEO马化腾亲自出马，以6000万元人民币全资收购雷浪声的公司。团队的每个成员都得到了丰厚的回报。事后，雷浪声忍不住放声大哭起来：“父母再也不用那么辛苦了，再也不用遭别人嘲笑了。”

拿到人生的第一桶金后，雷浪声并没有给自己买房买车，而是在韶关始兴县城买了一套当地最好的房子给父母。他说：“我还年轻，最需要的是沉下心来，车、房那些东西容易使人浮躁。”直到现在，他在深圳还是无房无车一族。

从一个青涩寒门学子摇身变成“90后”千万富翁，这条创业路走到今日，雷浪声感触良多。他说：“成功有时候就藏在一些嘲笑里。它能激发你的成功欲望，让你勇敢挑战困难，变得能够独当一面。面对嘲笑，担当压力是人生中非常精彩的一部分，不浮躁不虚伪，善于总结失败经验并用心去沉淀，就能让你离成功更近。”

在抱怨声中挖掘金矿

报载，有一位顾客购买了一只“松下牌”有线电熨斗，在使用过程中，电熨斗出现电线破皮导致漏电伤人事故。于是，该顾客抱怨指责松下产品有毛病，并要求赔偿。接到投诉后，松下公司耐心地听到了消费者对产品的抱怨，并敏感地意识到了无线电熨斗的潜在市场。松下公司迅速组织人员攻关，不久便生产出了新的自动充电的无线电熨斗。新产品一上市，很快受到了消费者的欢迎。为此，松下公司重金酬谢了那位“鸡蛋里挑骨头”的顾客。

其实，许多新产品的问世和老产品的改进，都是在消费者的抱怨声中得到启发而完成的。有人抱怨看电视选频道太麻烦，于是就有了遥控器；有人认为照相时光圈、速度不好掌握，也就有了“傻瓜”相机；有人嫌胶卷冲洗太费时费钱，就有了数码相机……这些改进后的新产品一投入市场便赢得广大消费者的交口称赞。

如今，随着市场竞争日趋激烈，不少企业经营者认为生意难做，商机难以寻觅。难道，现在的市场真是无懈可击吗？非也。消费者的心总是难以满足的，市场中不断出现抱怨就很能说明问题，经营者当消费者时不也是经常抱怨吗？这说明，市场上的现有产品并没有让消费者完全满意，也就是说，到处存在着没有得到充分满足的需求。譬如说，我们现在使用的香皂在市场上销售不错，但不少消费者对它还有抱怨之处：一是沾水后就变滑，拿到手上易滑掉；二是手脏时使用香皂后会把香皂也弄脏；三是许多香皂用到最后总要浪费一些无法再用的零碎小块；四是香皂若固定地放在盒中，会使盒内粘上一层香皂，很难清洗，既影响美观，香皂在无形中也会损失一些。消费者希望生产出一种“牙膏式”的香皂，需要用多少挤多少，这样就完全克服了一般香皂所具有的一些弊端。如果有企业经营者率先研制开发出这种“牙膏式”香皂，或许应该会有一个热销的市场。

消费者掏钱买产品是为了解决问题，那么消费者要看到底谁能把生活中的难题解决得更早更快更周全。对于企业经营者来说，谁能首先在消费者的抱怨中发现并解决问题，谁就能比竞争对手更有效地赢得消费者，抢得占领市场的先机。因此，笔者奉劝企业经营者一句话，千万不要忽视消费者的抱怨，要从抱怨声中挖掘“金矿”。

征服高山的女人

她征服过无数的高山。任何一个看到李兰的人都不会相信，这么一个弱质纤纤的女子，竟然是一个职业登山人。在她多年的登山生涯中，她征服过无数险峰，两次目睹队友遇难的她，也没有就此止步。为了纪念队友，她打造了一部独一无二的登山电影——《巅峰记忆》，以此勉励自己和其他登山人：活着就要再次出发，挑战极限、超越自我。

两次直面队友遇难，梦魇挥之不去

1996年9月，李兰考入北京大学广告专业。开学后，各种各样的社团均在招新。李兰直奔全国闻名的登山社团——山鹰社。

1999年年初，山鹰社组建第一支女子登山队，征战5588米高的四川名山雪宝顶。李兰立即报名参加，并顺利入选。

一路上的行动都算顺利，眼见登顶在即，意外却突然发生。

队友周慧霞体力严重透支，身体失去平衡，手没抓牢，一下子跌进几百米深的悬崖。李兰眼睁睁看着队友在身边遇难，想伸手去救，却无能为力。

李兰完全蒙了，不知道自己怎么从山上下来，又是怎么回到北京的。一闭上眼睛，周慧霞可爱的笑容就浮现在眼前，直到毕业，除了给社友们做后勤工作和训练新队员，李兰不再提登山的事。

2002年5月，山鹰社向李兰发出邀请：他们将组织登山队，征战唯一一座完全在中国境内的8000米山峰——希夏邦马峰的西峰。“希夏邦马”是藏语，意为“气候严寒、天气恶劣多变”，纵横交错的冰雪裂缝和时而发生的巨冰雪崩，为登山者设置了重重困难。

李兰委婉地拒绝。队员们诚恳地说：“这次登山困难艰巨，我们需要一位经验丰富的老队员在路上时刻指点，减少风险。”好友深知李兰的犹豫：“这两年你的生活虽然平静，但我们许久没有见过你灿烂的笑容。你还年轻，如果登山可以焕发你对生活的激情，我们支持你。”李兰心动，答应同行。

2002年8月，由15人组成的登山队抵达西藏。

8月7日，A组队员先行出发，向顶峰迈进。11时许，A组队员翻过一座6700米高的大雪坡后，突然中断联系。根据他们遗留的痕迹，李兰等人寻找了一天一夜，并且向西藏登山协会求援，却始终找不到5名队员的身影。

第二天上午10时许，在A组队员翻越的那座大雪坡下，发现了雪崩的迹象。李兰快速冲上去俯瞰，只看见两个小黑影：A组的两名队员静静地被埋在冰冷的雪下，永远停止了呼吸。经过搜索，5名队员的遗体先后被找到。

昨天还在一起说话、一起嬉笑的队友又一次离自己而去，李兰备受打击，思维一直处于呆滞状态。直到超度的诵经唱起，清脆的摇铃声响起，她才痛哭失声。

成为职业登山人，父母不解心难舍

回到北京后，李兰常被噩梦惊醒，她变得浮躁易怒，工作也经常出错。她辞去工作，成为一名自由职业者，参加各地登山友组织的登山活动。站在山顶，李兰才觉得心脏有了活力，浑身的血液有了热度。

李兰一直持续着周而复始矛盾的生活，一方面，她强烈地渴望登山，另一方面又走不出两次队友遇难的阴影。

有一次，她从云南登山回来，父母把她的行李和证件藏起来，他们下定决心把女儿留在身边，不再让她出去玩命。

面对女儿的固执，李母伤心不已。

2009年，30岁的李兰依然孑然一身。这期间李兰又去了很多地方。走着走着，她常有一种恍惚感，今后的日子就一直这样过下去？她脑子里闪现出一个想法：拍一部关于登山的电影。如果可以，她想重登希夏邦马峰，这部电影不是为她而拍，是为那些在登山中牺牲的队友而拍，为那些挚爱登山事业的人而拍。

活着就要再次出发，永不放弃超越自我

电影被命名为《巅峰记忆》，故事以李兰为原型，队友的两次遇难为背景，真实还原她这些年的心路历程，展现一个热爱登山的女性矛盾而纠结的山鹰梦。李兰和5名登山队员孙斌、白福利、饶剑峰、侯贤懿、严冬冬一起，向海拔8000米的希夏邦马峰发起挑战，摄制组全程跟拍。

一些前期的拍摄必须在登山前完成。李兰天生是对镜头有距离感的人，面对镜头，她总是不自然，一个镜头需要重拍好几次。李兰独自“放逐”了自己几天，躺在蓝天白云下，任往事一遍又一遍侵蚀自己的心，在痛苦中寻找过去的感觉。李兰再次回到剧组时，大家都发现她变了，那种浓浓的忧郁悲伤打动了所有人。

2009年9月20日，李兰等人出发了，身后是几名精挑细选的摄制人员。刚开始，路还算好走，同行的每个人都劲头十足。慢慢地，海拔逐渐增高，大家越走越吃力，在氧气稀薄的山峰上，有些人呼吸都变得费劲。

2009年9月29日，距顶峰仅有百余米。李兰望着远处的西峰，鼻子一酸，那里曾经是她和队友们7年前渴望到达的地方。孙斌看

着停下脚步的李兰，明白她此刻复杂的心情，提醒道：“平静心情，千万别大意。”10米、9米、8米……李兰第一个登上希夏邦马峰主峰，其他队友随后而上。站在山顶俯瞰远处，一片苍茫。李兰想大声呼唤，可她不能，她静静地站在山顶上遥望远方，摸着自己的心脏，感受它强而有力的跳动。“希望他们5个人的灵魂和我们一起回家……”李兰在心中暗暗祈祷。

2010年中旬，《巅峰记忆》制作完成。李兰和孙斌等人静静地观看，影片结束后，大家紧紧拥抱在一起。他们并没打算把它作为商业电影对外推出，只是在各大登山社里播放。

“只要活着，我就会再次出发。从无知的向往到知道代价的坚持之间，山高水长。”李兰相信，对于她挚爱的登山事业，父母总有一天会明白。

找对成功的方向

陈土坤像很多创业人一样，怀揣着改变命运的梦想，六七年间做过多种生意。可是，创业并没有给他带来梦想中的成功。

2010年3月，卖过服装、做过餐饮的陈土坤决定——卖手机。他分析，自己以前创业的项目都是市场已经饱和的行业，而通讯行业，多年来一直处于上升期，未来仍有很大的上升空间。卖通讯产品，应该会有希望吧！

不久，他的手机店开张了，却依然收入微薄。他这才意识到，在手机店遍地开花的情况下，以他的店面规模和资金实力，很难赢得竞争。他时常要以三寸不烂之舌来反复证明自己的诚信，才能成交一笔生意。

关门大吉后，陈土坤痛定思痛，反复思考自己的创业之路，他认为，要想有发展、有突破，就要选择一种竞争少、利润高、风险低的生意！

但这样的生意存在吗？有时候，成功真的不能缺少运气。

2011年5月，陈土坤看到了一个创业新概念——阿迪普“数码饰品连锁”。顾名思义，就是专做数码产品的外部饰品的连锁店。而阿迪普，陈土坤了解到，是数码产品屏幕保护贴领域的领军品牌，中国屏幕保护贴第一品牌。此前，阿迪普已相继成为了“CCTV央视网招商频道战略合作伙伴”、“CCTV央视网最具投资价值品牌”、“SGS国际质量认证体系产品”等。诺基亚、APPLE、HTC、佳能、三星等国际企业也都将阿迪普作为其标准配件供应商。

为慎重起见，陈土坤专程到“数码饰品连锁”的运营商—广州普亚电子总部去拜访，待摸清实情后他当即决定加盟。

阿迪普“数码饰品连锁”所涵盖的产品，除了在国内一直领先的屏幕保护贴外，还包括时尚的手机外壳、极具创意的充电器、新颖的蓄电宝、令人耳目一新的iphone音乐蛋音箱等。但真正让陈土坤决定加盟的，是阿迪普所采用的“1+2模式”：1个阿迪普加盟店+1个线上店面+1个多赢卡销售网点代理权。加盟阿迪普，加盟者立刻同时拥有线上、线下两个店和一项代理权。

作为一个做过多年生意的人，陈土坤懂得“卖电脑的不如卖电脑耗材的，卖手机的不如卖手机配件、手机耗材”的道理。卖数码饰品投资小，十来万元就可以做得像模像样，而只要卖好了，利润完全可以超过卖手机、卖数码相机、电脑等的大卖场。

在阿迪普方面提供装修、陈列指导等服务帮助的情况下，2011年5月，陈土坤位于广州越秀区陵园西路乾丰润手机城A16号的阿迪普“数码饰品连锁”店开业了。

陈土坤的好运真的开始了。阿迪普方提供了从店员培训到业务推广的全方位支持，很快陈土坤的店铺就进入了盈利状态。特别是随着中秋节、圣诞节、元旦等一系列节日的到来，手机、数码相机等电子产品销售火爆，也带动了品牌数码饰品的销量暴增。数码饰品的高利润，让陈土坤赚得笑逐颜开。

2012年4月，陈土坤的店开张还不到一年时间，净利润就接近了30万元。在谈到当前的小成功时，他说：“以前因为资金有限，我做的都是最常见的生意，别人做，我也做，抱着侥幸的心理期待成功，却不想根本竞争不过别人。加盟‘数码饰品连锁’之后，才觉悟到做生意不能瞎碰、乱闯，找对方向才是真正拥有了一把打开财富之门的钥匙”。

最励志的保安

他的梦想是成为一名像乔布斯那样的终极产品经理，尽管现在的他只是一名负责安全护卫的保安，会被人认为是空想而已，他却从未放弃过自己的梦想。

直到有一天……

3月1日下午，腾讯QQ手机管家发布了一条微博，腾讯北京分公司20楼的一位前台保安在经过了一次次的技术面试之后，成功进入腾讯研究院，成为一名专业的研发工程师。随后，腾讯首席执行官马化腾在微博上表示："核实了，很励志的故事"。微博被迅速转发，截至4日下午，已有4万名腾讯微博网友转载并评论此事。这位前台保安也因此被誉为"2012最励志保安"。

这名保安是谁？无数人都发出这种疑问。

谜底解开，他正是拥有着超级梦想的保安段小磊，毕业于洛阳师范学院的他今年24岁，从事保安工作已有半年多的时间。在腾讯员工们的眼中，段小磊是一个尽职尽责的保安，不仅性格乐观，态度和气而且还工作认真，甚至熟悉该楼层所有人的名字，每天早上还会告诉你是第几个到的，有时甚至还会给你一些善意的生活提醒，比如“明天会变天，注意加衣服”、“今天加班这么晚，回去好好休息”等。

很快，待人真诚的他便成了20楼里的名人，尽管他不帅、个子也不高。时间一久，大家还发现这个保安有个特别之处，别人看杂志打发时间，他手里捧着的却是计算机方面的专业书籍，看得津津有味。遇到不懂的地方，还会拿来向员工们咨询，看到他这么认真好学，大家也都乐意为其解答一些专业问题。

每天要站7个小时，一天下来就会腰酸腿疼。但是他还是会把下班后这有限的时间用来学习。在他的腾讯微博上，他对自己是这样描述的：“我是金刚石做的段小磊，是任何困难都打不倒的。”而身为一块金刚石原石，他所需要做的便是仔细打磨，细心雕琢，直到去掉粗糙露出真颜，发出璀璨光芒的那一天，于他而言这只是时间问题。

今年2月，真正的机会来了。

就在这一层工作的腾讯研究院一名负责人急需一批外聘员工。腾讯研究院是腾讯投资过亿元设立的中国互联网的首家研究院，主要进行互联网核心基础技术的自主研发。

这位负责人知道段小磊一直在看计算机的书，就半开玩笑地问他：“你要不要来帮我们做数据标注的外包工作？”这是一份基础性的工作，主要要求熟练操作电脑，并对数据敏感。令她意外的是，在几天后的一个下午，段小磊找到她说已经正式辞职，可以来帮她做数据标注工作了。

这时她才知道，原来段小磊还拥有着计算机和工商管理的双学位。曾经他也是怀着做IT精英的梦想来到北京打拼，可现实是残酷的，在几经碰壁后，他才决定放弃专业，从最低处做起，以便尽快自食其力，于是保安便成了他的首选。当命运递来绿色的橄榄枝时，他迈出了通往梦想成功的第一步，果断接住、勇敢前进，一切就是这么简单。在经过一些面试环节后，段小磊顺利成为腾讯的外聘员工。

由于工作涉及对腾讯产品进行外部测试，段小磊便利用休息时间四处找朋友和同学体验产品，还一直活跃在他所组织的测试QQ群上。负责人对他的工作非常满意，也开始有意识将一些产品方面的工作交给他。

如今已成为IT人员的段小磊，在工位上还贴着各种写着工作任务和励志内容的便签条："多和同事交流，多向前辈请教"；"每天浏览行业信息不少于30分钟；每天发一条有创新性的微博；每个月发一篇有深度的博文"，等等。

虽然他已是团队里的风云人物。谈及自己的经历，段小磊不愿说太多："我只是一个为了梦想而奋斗的人，并不想成为公众人物，人们对我的关注也是我没有想到的。"虽然知道这个故事的人越来越多，但他仍然对自己保持着清醒的认识，自己很普通，现在最需要的是静心学习，自己还有很多东西没有学会。

原来可以站在更高的山上

出生于一个普通农户人家的她，小时候也像村里大多数女孩那样，最高的梦想是读完初中，然后到城市里打工。

那个时候，村里人大多觉得女娃们能识几个字、会算账就行了，考大学光宗耀祖的事儿，那是男娃的责任。她也一度觉得女孩子初中毕业，就很了不起了，就像每年重阳节，跟着爸妈登上村里最高的那座疙瘩山，俯视下去，一览众村小，心里挺自豪。

上小学，弟弟是家里的保护对象，她则经常被母亲呼来唤去帮着分担家务。农忙的时候，她甚至天天和父母一起泡在地头田间。小学毕业，她的成绩自然也好不到哪儿去，勉强能进村中学。

初三那年，学校里分来一位来支教的女老师，有一个很洋气的名字，叫伊琦梦。城里长大的女子就是跟她们这些村妞不一样，白嫩的皮肤像剥了皮的熟鸡蛋似的，细碎的长发很随意地披在肩头，一种不经意的优雅透过发丝呼之欲出。更让她心动的是，伊老师无论四季，都喜欢穿长裙，那些随风飘飞的裙袂，带着淡淡的栀子花的香气，唤起了她初萌的柔软情愫。

转眼又到了重阳，伊老师带领全班同学到县里的双龙山登高远眺。那天，当他们一行人汗涔涔地登上双龙山顶峰，临风远眺的时候，伊老师指着西面那片低矮的小山丘说："你看，那就是你们村最高的山。"

顺着伊老师的指向，她果然看到了那座疙瘩山。曾经，它在她眼中，已是很高的山峰了，而此时，相比于脚下的双龙山而言，它只能算是个丘陵，抑或只是一团小小的泥丸。

那天，伊老师说：同学们，我希望你们初中毕业后能考上县里的高中，看到更美更开阔的风景……

回来后，她仿佛变了个人。每天做完家务，她会把自己关在小屋里，捧着书本到深夜。

初中毕业，她考上了县里的一所高中，虽然不是什么重点学校，但她仍然很兴奋。学校离家远，她办了住宿手续，每周只休息日回家看看。远离了家乡，也远离了那些干不完的农活，她有更多的时间投入学习，成绩越来越好，渐渐地走进了老师重点培养的尖子生行列。

高三那年的重阳节，她和同学结伴到西安登华山。当他们登上海拔2154.9米的高山，一时间，周围云雾缭绕，恍若置身仙境，让她顷刻间忘了攀登中腰腿的酸痛。那一刻，她才发现，原来山外有山、天外有天……

她和同学约定——考上北京、上海等一线城市的名校。

然而，事与愿违，她的分数与理想相距甚远，能上的，只是三线城市的本科院校，为了省些学费，她选择了收费较低的师范学院，但她还是担心母亲不同意，毕竟还有个弟弟也要上学，两个大学生，家里如何供得起？

正当她不知如何开口向父母要钱交学费的时候，爸爸表态了：“上！家里就是卖了房子，也要供孩子上完大学。”

上了师范学院后，身边有些家境好的同学，早没了考大学时的刻苦，而她依然保持着当年的拼劲。课余时间，同班的女生结伴去逛商店或者K歌，她则边攻英语托福，边兼职做起家教。

本科毕业后，她参加了全国硕士研究生招考，顺利考上了上海复旦大学新闻类的研究生。那个考进一线大城市的梦想，终于在四年后变成了现实。

博学的老师、睿智的同学，充满知识和时尚的话题，还有那精彩的大城市生活，让她对成功和梦想有了更高的认识。读完研究生，她在恩师的推荐下，获得了出国深造的机会。她的成就，令父母高兴得梦里都能笑出声。

那一年，回乡探亲的时候，她对村里慕名而来的学生们谈起她的人生感悟。她说，这一切都要感谢那位聪慧美丽的伊老师，是伊老师让她敢于做梦，让她知道，原来自己也可以站在更高的山上，拥有属于自己的更辽阔的风景。

粤商没落之谜

多年以来，我跟广东不少改革开放后的第一代和第二代企业家打过交道。1990年，作为健力宝集团的总顾问，我与当时的老板李经纬、体操王子李宁到北京，时任北京市常务副市长张百发，到人民大会堂门口迎接我们。

那时候，北京正在筹办亚运会，由于社会氛围，人们并不看好其广告价值。

李经纬代表粤商，也代表广东人民，拿出上千万元支持亚运会。这个举动，让张百发感动得热泪盈眶，当即答应健力宝提出的几大要求，包括在天安门放一只健力宝的充气罐，这在中国广告历史上，是破天荒的。

那时候，白云山制药厂的贝兆汉、万宝冰箱的邓绍深、科龙空调的潘宁等一大批企业家，是珠三角第一代老板中的佼佼者。他们的名气，在中国，甚至在世界上，都掷地有声。

弹指一挥间，我们发现一个令人心酸的事实：这些老板，如今安在哉？留下来的是双眼噙满泪花的李经纬，他抱恨长天的照片，广为传播，成了粤商衰败的一个物证。

回头再看同时代的浙商，青春宝的冯根生、万向的鲁冠球、横店影视的徐文荣，讲能量、讲影响，一开始，根本无法与李经纬等粤商相提并论，但现在，他们成了民营企业家中的常青树。

粤商的大问题之一是，只有“广东经济”，没有“广东人经济”。

浙江人口大约只有广东的一半，遍布全国每个角落的浙江老板，至少300万以上，还有数以百万计的浙江人分布在世界各地，他们共同组成庞大的市场网络和血脉网络，这就是“浙江人经济”。

但是，我没有看到海外的广东人跟在广东的广东人在生意上有多大的关联性，顶多是开放之初，回来投点资，办一个厂，远没有形成内外互动、优势互补的商业网络。

所以，在世人眼里，虽然粤菜馆开到全国，广东货卖遍神州，广东经济依然是“小贩经济”。

如今，论财富、论实力，浙江依然不如广东，而说到锐气，浙江似乎已经超过广东。到了浙江，机场附近公路的广告牌，全被浙江企业占用，他们都在自己企业名字前，冠以“中国”一词，比如中国万向集团、中国横店集团，气冲斗牛，基本上每一个企业家都在考虑，怎么才能打造百年老店，才能成为中国的先锋队，在世界上争雄，这就是当今浙商的气魄。

在广东珠三角，我们很少见到类似的招牌，很难听到同样的豪言壮语。为什么广东企业是得过且过、随遇而安，打一枪换一个地方的“游击心态”？

我们可以说，广东人谦虚、内向、务实、不事张扬，我觉得这是一个表象，骨子里是缺乏一种气概、一种精气神、一种追求。这是广东文化基因里面的缺失。

广东人，尤其是珠三角的人，得天时地利之便，借政策之势，先行一步，于是产生中国最早的民营老板群落。

但是，赚钱太容易，萝卜俏了不洗泥，久而久之，形成定式，“宁为鸡头，不为牛后”，耻于先从孙子做起，再当大爷，始终放不下身段。

其次，这种靠地头好的发家方式，决定了粤商小富即安、落袋为安的“小贩思维”。

最后，粤商没有经过浙商那样由小到大、由弱到强，“白天当老板、晚上睡地板”的艰难进化过程，在驾驭人才和运作企业方面，有着莫名恐惧，特别是很多北方来的人，能力很强，控制不住，万一他跳槽了，成为自己的对手，怎么办？与其让他成为对手，不如不用他，可不用他，企业又长不大。

这是一个怪圈。难怪有人说，广东只有商人，没有企业家。

林肯的用人之道

1860年，林肯当选为美国总统时，其竞争对手叫蔡思。蔡思是经济专家，能力很强却狂妄自大，对自己的落选颇不服气，到处说林肯的坏话。

林肯的一个银行家朋友巴恩对林肯说："如果你要组阁，千万不要用蔡思。因为他是一个自大的家伙，他自认比你还厉害。"林肯笑着回答："快告诉我，除了蔡思，还有谁自认比我厉害？我要把他们全部选入内阁。"

其实，林肯对蔡恩早有了解。他不但自大，而且嫉妒心很重。但是，他在财政预算、宏观调控等方面却很内行。所以，林肯不管蔡思对他什么态度，他都很坚定地任命蔡思为财政部长。蔡思把美国经济打理得井然有序，为林肯处理国内、国际事务腾出了时间和精力。那段时间，是美国经济发展最快的时期之一，也是成为世界强国的开始。

四年后，又到了总统选举的日子。有人提醒林肯，蔡思正在密谋总统之位。林肯依然泰然处之，这时林肯讲出了他小时候的故事。

那时，林肯是一个普通的农家孩子，和哥哥一起在农场里耕地。他赶马，他哥哥扶犁。那匹马是个懒马，总是磨洋工。有段时间，那匹马忽然跑得很快。原来，是一只很大的马蝇叮在身上。林肯不忍心马被咬，就把马蝇打落了。这时，这匹马又开始磨起了洋工。这时，林肯才明白，正是因为有了马蝇，马才会跑得快。

林肯说："蔡思身上有一只马蝇叫总统欲，正是这只马蝇激励着蔡思不断努力，我从不想打落它。"其实，对林肯来说，蔡思本身也是一只马蝇。正因为有了蔡思，林肯也会更加努力。

时至今日，林肯依然是美国历史上最伟大的总统之一，蔡思也堪称美国最伟大的财政部长之一。虽然把蔡思比作马蝇，多少有点对这位为美国经济做出重大贡献的财政部长不尊重，但也正说明了一个道理：如果我们想要像骏马一样奔跑，就不要介意身上趴着一只马蝇。

咖啡渣的房子

洛克赛·肖卡是千千万万靠咖啡产业过日子的哥伦比亚人之一，他在波哥大市的一家咖啡公司里做碾磨师。洛克赛出生在布卡拉曼加的一个建筑师家庭。年轻时也曾随着父亲做过建筑，但后来因为脚部受了伤，才改行进入了咖啡业学做碾磨师。

咖啡在碾磨加工过程中会产生大量的咖啡渣，咖啡渣不但坚硬，口感也差，就连给家畜饲料都不要，长期以来它只有一个命运，就是被当做废物扔掉或者掩埋。看到这样的情景，洛克塞心里很不好受："难道这些咖啡渣真的百无一用吗？"他开始动脑筋想让咖啡渣也能发挥出最大的价值。

有一次，洛克塞像往常一样在厂房里碾磨咖啡。在调试一杯咖啡的时候，他一不小心把糖水瓶倒翻在了一堆咖啡渣上，洛克塞当时也没太在意，然而当他在下班前准备清理这些咖啡渣时，没想到那些咖啡渣竟然牢牢地结成了块状，砸都砸不开。曾经从事过建筑行业的洛克塞突然灵感大发：既然如此牢固，如果把咖啡渣做成建筑材料，那会怎么样？

用糖作辅料加工建筑材料固然不合适，那么用什么东西取代糖，而且既不易腐烂又牢固呢？洛克塞在走访了无数家建筑材料工厂之后，最终选定了用PS粉，PS粉既便宜又牢固，最主要的是无毒无害，非常符合绿色环保的概念。洛克塞尝试着用回收的PS粉和咖啡渣混合起来，然后用特殊方法进行加工，果然生成了各种质地坚硬的柱体和板形材料，洛克塞把它取名为咖啡渣复合材料。这些复合材料在加工过程中不用胶水，也不必使用钉子，因此即不会产生甲醛，成本更为低廉。咖啡渣复合材料在很大程度上可以充当木材的替代品，减少了对森林的破坏。洛克塞相信，这种优势一定会使咖啡渣复合材料成为一种很好的建筑材料。

洛克塞随后向哥伦比亚政府申请了咖啡渣复合材料的专利，这种对整个国家甚至是整个环保形势都有利的事情，哥伦比亚政府非常看重，还特意赞助洛克塞成立了咖啡渣材料制造公司，让他用自己的技术生产这种材料！

一年后，洛克塞的第一批咖啡渣材料终于出炉了，他尝试着在厂外的公园里，造了一幢浴室厨房餐厅客厅一应俱全的三室一厅的“样品房”，结果全部造价还不到7000美元。工程师们在检测后发现，住在这样的房子里，即使遭遇到山体滑坡也不用害怕，没有哪一块石头能有足够的力量将其压扁！

随后，洛克塞不失时机地把咖啡渣复合材料推向了市场，果然受到了无数建筑商和普通消费者的抢购，那种变废为宝、造价低廉、节约木材、轻便安全，集众多优点于一身的咖啡渣材料，很快成为人们盖房子的用料首选，咖啡渣房屋更是成为了哥伦比亚人新一代的住宅典范。

就这样，整个哥伦比亚国各个咖啡厂商所产生的咖啡渣都源源不断地流进了洛克塞的工厂，而用咖啡渣做成复合材料又同样源源不断地流向市场，短短一年时间，洛克塞就已经先后在麦德林、卡利、巴兰基亚、卡塔赫纳等十余座城市建立了总经销，甚至包括中国、美国、英国在内的无数个环保理念比较强的国家，也纷纷开始向其发出订单，一片供不应求的景象！

第三章

Chapter 03

只有打败自己

理想的位置

上大学的时候，我的理想是毕业后做个跟文字有关的记者或编辑。大学毕业那年，我怀揣着自己发表的不少文章，在报社和杂志社之间奔波着，希望寻得一份理想的工作。

上大学期间，我就成为了一家报社的学生记者，经常给这家报纸写些稿子，在杂志上也发表了不少文学作品，还获过奖，自己以为有应聘上记者或编辑的优势。可是，现实情况并不像我想象的那么容易。奔波了一个多月，还没有被一家单位接收，我很是恼火，觉得自己真是一无是处。我冷静地想了想，不如我去常发表文章的那家报社看看吧，兴许还有希望。于是，我满怀希望地去了那家报社。

我让这家报社的一位领导看了看我发表的文章和获奖证书，想依此来证实我有能力，又向他陈述了我的理想。这位领导说："年轻人有理想是很好的，虽然你发表了不少文章也获过奖，很有文字基础，但是搞新闻工作并不是能写就做得了的。文学写作和新闻报道是有很大的区别的。现在报业之间竞争很大，我们不是强势媒体，我们报社用人是用一上来就能胜任工作的。再说，刚大学毕业的你没什么社会实践经验……”没等他说完我就知道又没戏了。

迷茫中的我去学校向指导我们就业的王老师求助。听了我的陈述后，王老师对我说：“不如先把你的理想放一放，生存是第一位的，先就业后择业吧。从低处就，向高处走。在工作中锻炼一下自己。只要你不放弃理想，以后会有机遇的。”“可我心里不甘。”我很是沮丧。“让你暂且放一放理想，不是让你把理想丢弃啊。有时，好的机遇其实比能力重要。再说，你是否能胜任你理想的工作还不好说。先找个工作，好好干，等待机遇吧。有句名言说，机遇只青睐有准备、有头脑的人。只要你在工作的同时，不放弃理想，总会有机会找到自己理想的工作的。”王老师殷切地对我说。

告别王老师后，仔细地咀嚼着王老师的话，我觉得王老师说得很有道理。留得青山在，不怕没柴烧。于是，我暂且放一放当记者或编辑的想法，决定先找份工作干，等以后再慢慢实现自己的理想吧。两个星期后，我找到了一份业务员的工作。在做好本职工作的同时，我还不忘读书学习，看有关新闻学和编辑学方面的书，并坚持着写作。其间，我又发表了一些文章。

一年后的夏天，在我常关注的一家报纸的招聘版上，我看到了一家杂志社招聘记者和编辑的实习生，我便投递了简历，没想到该杂志社通知我去面试，最后我被录取做了实习编辑。实习期间，我尽力地学习、熟悉编辑工作，锻炼提高自己的编辑能力和水平。随着自己的编辑能力的提高，不再满足于在这家小杂志社工作和不高的薪水，为更进一步地去锻炼和学习以及想在薪水上再高一些，我便跳槽到了一家更大的期刊传媒集团做起了编辑。至此，我才觉得离自己的理想逐渐地靠近了。

生活中，在理想和现实的选择上，有时，暂且把自己的理想放一放，一边让自己逐步成熟，一边有心地去抓住机遇，理想反而会最终如愿实现。

不为掌声而活

在竞技场上，冠军跑到终点之后；在演艺剧场，艺人结束了精彩表演；在科研战线，科学家公布了科研成果；在工程领域，大楼盖好，桥梁修成，掌声才骤然响起，鲜花才会献上。而在这之前的刻苦训练，潜心努力，卧薪尝胆，宵衣旰食，一般是不会引人注意的，更不会换来掌声和喝彩。掌声总在成功后，冠军跑在掌声前，是古今中外一条普遍规律。

因为世人大都是功利的，在没看到你拿出的“真金白银”时，是不会给你掌声的，包括礼节性的掌声，尽管对他们来说这不过是举手之劳。甚至于在你已获得成功，拿出“真家伙”时，他们还会怀疑是不是赝品，迟迟疑疑地不肯报以掌声。所以，这个成功后的“后”，可以是分秒计算的瞬间，也可以是以年为单位的数载，或者是以百年为单位的若干世纪。

飞人博尔特在百米跑道撞线后就赢来了掌声雷动，还有鲜花、美酒、奖金，告慰了此前他为此付出的一切努力，回报了他在训练中流下的汗水。

诗仙李白，在他的诗歌流传开后，也很快赢来掌声，为其鼓掌的人有普通读者，有诗界同行，甚至还有“真龙天子”，而且掌声一直响到今天。杜甫就没那么幸运了，虽然他的诗歌同样成功，但掌声稀稀拉拉，直到去世多年才被人逐渐认可，戴上诗圣桂冠，掌声也渐渐变响，而且越来越响。

苏东坡，文赋、诗词、书法、绘画、佛理，无所不精，那是个几乎在他涉足的所有领域里都大获成功的文化巨人，但在世时不仅掌声不多，而且倒掌一片，身世坎坷，饱经风霜，屡受贬谪，甚至还有生命之虞。当掌声响起的时候，他的墓前的柏树已有一抱粗了，好在与他没有利害冲突的后人都是识货的，毫不吝惜地报以长时间的、雷鸣般的掌声，他若在地下有知，当安息九泉。

最戏剧性的是荷兰后印象派画家梵高，他是个天才画家，成功地创作了一批伟大作品，但生前没人赏识，未闻任何掌声和肯定，居然连一幅画都没有卖掉，过着饥寒交迫的生活。而在他身后，人们慢慢认识到了他的艺术魅力，把他奉为表现主义的先驱，他的画作深深影响了20世纪艺术，好评如潮，掌声雷动，其作品如《星夜》《向日葵》与《有乌鸦的麦田》等，现已跻身于全球最著名与最昂贵的艺术作品行列。

生前寂寞，不知掌声为何物的作家卡夫卡，死后却引起了世人广泛的注意，被誉为西方现代派文学的主要奠基人之一。还有生前默默无闻，死后却赢得世人惊赞，其遗作成为至今无人超越的汉语文学高峰的曹雪芹。

掌声总在成功后，既然是无法改变的规律，那么，我们能做的事，就是耐得寂寞，顶住清贫，积蓄能量，积累成果，在自己喜爱的事业上辛勤耕耘。不要过分奢望成功后的掌声，幻想人们的拥戴和赞扬，那会分心、误事、劳神，影响奋斗的脚步。而且，还要有成功后也听不到掌声的思想准备。这是因为人们对我们工作的认可和肯定有个过程，毕竟我们干事业是因为真心喜爱，是因其有价值，并非为了那成功后或长或短、或大或小的掌声，掌声无非是事业成功的附属品。

人们都羡慕别人成功后获得的掌声，头顶的光环，但少有人去关注他们在成功前所付出的艰辛和代价。天道酬勤，功不唐捐，无论何时，无论是谁，都不可能随随便便成功，没有倾情的投入，没有过人的付出，没有呕心沥血的精神，没有以命相搏的决心，就无法得到命运女神的青睐，打不开成功之门，自然也换不来“经久不息的雷鸣般的掌声”。

“掌声响起来，我心更明白”，掌声为生命添彩，掌声为成功作证，我们期盼掌声，但不为掌声而活着。

万博会摘金的丝绸

1851年的一天，在群商云集的上海，一个叫徐德琼的商人格外兴奋，他的商行里也是一派繁忙景象。虽然并不是每个人都知悉徐老板的商业筹划，但大家都从他的面部表现猜到本商行即将有“大事”发生。

徐德琼是广东香山人，经过一番闯荡，成为上海开埠后第一批抵沪的商人。1851年，他29岁，风华正茂，壮志凌云。当时，他的商业重点是中国对外贸易的丝绸茶叶，他所经营的“辑里丝”产自南浔，素有“湖丝之最”的美誉，此种蚕丝逐渐成为他经商的“金字招牌”。

这天，徐德琼早早洗漱后，从众多伙计中挑选出一些忠诚可靠、精明强干者，亲自带着他们精选自己经营的“荣记湖丝”。他深知，在当时的商贸百货中，最难把握检验的正是蚕丝，因此市场上以次充好的蚕丝随处可见，稍有不慎，就会在内行面前劣迹败露，失去最可宝贵的诚信。因此，他对蚕丝生意，始终一丝不苟、精益求精，终于以“荣记湖丝”的精良品牌蜚声商界。此次，他将面临更加严苛的考验，一旦成功，他的事业将为之海阔天空，而一旦受挫，遭到负面言论的将不仅仅是他一个人，因此自己如履薄冰，也要求大家凡事小心翼翼，丝毫不能闪失。

终于，徐德琼和伙伴们一共精挑细选出12包“荣记湖丝”，以最快的速度运至伦敦，那里有一次极为隆重、绝不可错过的博览会，连女王维多利亚都向全世界广发邀请函。

初来乍到，西方人并不看好“荣记湖丝”，虽然中国的丝绸闻名世界，但谁敢保证但凡中国商人的蚕丝都是稀世珍品？既来之则安之，徐德琼做好了长期“备战”的准备，他一边安抚着急躁叫屈的伙伴，一边耐心地等待水落石出，寻机让自己的蚕丝脱颖而出。

此次来伦敦可谓机遇难得，自己敢为天下先，大胆而牢固地抓住了这次机会，在其他商人眼里也算“异想天开”吧。来到伦敦后，方知“酒香也怕巷子深”，中国丝绸世人皆知，但那只是整体上的美誉，尚需要后来的每一位商人在美誉之上再加美誉，精明的西方人绝不会因为中国丝绸在历史上的信誉而忽略现实的检验。自己既然来了，就要用过人的耐力和诚信来让西方人敞开大门，欢迎一如既往甚至更加精良的中国蚕丝。

徐德琼深信自己和伙伴们过硬的眼光，经过万里挑一方才远渡重洋的“荣记湖丝”绝不会砸了自己苦心经营多年的信誉招牌，更不会有辱于中国蚕丝的光荣和梦想。

那时候，中国的商人还不太注意商品的外包装，“荣记湖丝”的装潢也很简单，徐德琼也认为自己有一颗诚信的心或者勇敢的心就足够。然而，西方人并不这样看待，他们在讲究质量的同时，也在意外观，结果徐德琼的湖丝在很长时间内鲜有人注目，过问者寥寥无几。这更让同行者心急火燎，却手足无措。有人建议马上换包装，徐德琼制止了大家，称如此手忙脚乱地换包装，反而弄巧成拙，得不偿失，因为外人会对这种突然的变化产生顾虑和警觉，认为你果真败絮其中，才如此在意人们的评论而且匆忙换掉最初的外观，这是不是虚怯不自信的表现？既然我们以朴素的本相示人，以内在的质量接受时间和所有人的检验，那么就始终如一，坚持到底好了，绝不做“临阵磨枪不快也光”的事情，因为每让人新增一种质疑，解决起来就愈加困难。

此次博览会历时六月，正可以做到“路遥知马力”。后来，徐德琼褪去一部分“荣记湖丝”的外包装，历经半年之久，它们依然簇新如初，经过重重考验的精良品质令人惊叹，可谓“金玉其中”，无人争锋。人们对来自中国的“荣记湖丝”口耳相传，有口皆碑。徐老板的信誉招牌越擦越亮，他的湖丝崭露头角，很快在伦敦站稳了脚跟，同行的伙伴们不由喜上眉梢，做事更加兢兢业业、体贴周到。

伦敦的此次博览会正是日后的世界博览会，当时还叫“万国博览会”。在最后的工艺评奖中，“荣记湖丝”力挫其他国家的同类产品，一举夺得金、银大奖。评委们一致推该湖丝为“会中第一”，“中外人无异词”；女王维多利亚亲自为之颁奖，并赐赠“翼飞美人”执照一份，允许“湖丝”进入英国市场。这是中国产品首次在世博会上取得金奖，商人徐德琼也由此开创了中国在世博会的历史。

商业头脑敏锐的徐德琼马上描摹下“翼飞美人”的图案，以此作为“荣记”产品的商标，并广为宣传。此后，“荣记湖丝”畅销海内外，成为当时最受欢迎的产品之一。后来，英国女王和丈夫还在行宫里接见了徐德琼一家，媒体报道称女王以此“鼓励他们能够克服女人不能离开中国根深蒂固的偏见”，因此，几位中国女人成了当时接见的主角，这是徐德琼在世博会上成功推出“荣记湖丝”的另一段佳话。

荧光棒和棒棒糖

美国弗吉尼亚州的汤姆·科尔曼和比尔·施洛特是两个普通的邮递员。1987年的一天，两人在下班路上无意中看到一个小孩儿手里拿着发绿色亮光的荧光棒，比尔突然想到了早晨上班之前，3岁的女儿曾经对他说，爸爸，下班时别忘了给我带棒棒糖，我要蓝色的。比尔立刻赶往超市为女儿购买蓝色棒棒糖，在路上他把这件事告诉了汤姆，没想到汤姆听到之后脑中灵光一闪，他想，如果把棒棒糖放到荧光棒的顶端，由此发明出的能发光的棒棒糖肯定会大受孩子们欢迎。

其实，汤姆和比尔早已厌倦了邮递员的枯燥工作，两人想创业却苦于没有好点子，这次的意外发现让他们大喜过望。

不久，他们发明出了能发光的棒棒糖。这项创意简单且易于实施，两人连忙申请了专利。很快，这项专利成功地卖给了美国开普糖果公司，两人也获得了一笔不菲的报酬。对于一般人来说，有了一项发明就可以从此结束了，然而，科尔曼与施洛特两人由“简单发明”获得巨额财富的梦想仅仅只是个开始。

接着，他们沿着发光棒棒糖的路子继续向前思考，通过观察小孩们的消费心理与需要，有了一个新创意：他们用电池驱动一个小马达使棒棒糖自动旋转起来，这样小孩子们在吃棒棒糖时既不费劲又更好玩。结果，旋转棒棒糖获得了巨大成功。在以后的6年里，这种会旋转的棒棒糖畅销美国市场，到1999年共售出6000多万个，每个价格2.99美元，两人大发了一笔横财。

但更大的奇迹还在后面。就是这个会旋转的棒棒糖，又为原在开普糖果公司任职的约翰·奥舍和两个拍档带来了更大财富。当时，美国市场上电动牙刷的价格都在50美元以上，但因其价格昂贵销售量极少。约翰·奥舍和另外两个拍档运用了旋转棒棒糖的技术原理，发明出了新的电动牙刷，售价只有5美元，一推出便大受欢迎，仅一年时间就售出去1000多万把，这使得原来生产电动牙刷的宝洁公司再也坐不住了。2001年，宝洁公司以首次预付1.65亿美元，并在未来3年内继续留用奥舍等3人的方式，收购他们创办的小公司。由于这种电动牙刷很快在全球35个国家和地区市场大量销售，宝洁公司提前21个月就结束了与奥舍等3人的合作，最后又一次性支付给奥舍等3人3.1亿美元，加上预付的1.65亿美元共达4. 75亿美元。这一“简单发明”所带来的财富，简直让人瞠目结舌。

2010年，有人作了一个统计，如果把两名邮递员从荧光棒棒糖中赚得第一桶金算起，所有财富累加起来，已经高达6亿美元，这个惊人的数字告诉我们一个朴素的真理，财富其实就在我们身边，只要用心去搜寻，任何人都可以把成功变得很简单。

爬山之路自己走

在炎炎的烈日下，剧组里人来人往，忙碌异常。导演正坐在椅子上俯身和身边的助手研究下一步拍摄的细节问题。忽然，导演发觉有一个从没见过的年轻人站在了离自己不远的地方。

导演好奇地抬起头，上下打量了一下这个清瘦的年轻人。“你是什么人？”导演话音刚落，年轻人立刻满脸堆笑地走了过来，简单介绍了一下自己，并且说明了自己的来意。原来，年轻人曾经是一个舞蹈演员，膝盖旧伤复发之后已经不可能再表演舞蹈了，所以他选择影行业作为自己的事业。在一个偶然的机会，他得知这个剧组正在招聘演员，于是立刻赶来，想要争取这个机会。

听完了年轻人的话之后，导演侧着身子，优雅地点燃了一支雪茄，然后吐着烟圈儿问道：“你没有受过系统的表演训练？你也没有任何表演的经验？而且你的膝盖还有旧伤？”在得到年轻人的回答之后，导演露出了一丝冷笑。“一个毫无经验而且身体有伤的人怎么能在我这样高强度工作的剧组里立足？”

导演拒绝得很干脆，说完之后，站起身就要离开。就在他站起来的一刹那，他突然发现自己的右手被人紧紧地拽住了。导演眉头微微一皱，怒气冲冲地看着正拉着他右手的年轻人。

“导演，您都没有给我一个角色，怎么就知道我一定不合适呢？”年轻人倔强地说道。导演眼皮都没抬一下，他只想快点打发走这个年轻人，随便应付着说道：“我这里倒是有一个角色，不过需要的是体形微胖的人。你的外形根本不合适，恕我不能帮忙了！”导演说完之后，轻轻甩开了年轻人的手，大踏步走到拍摄现场继续工作。

这件小事很快就被导演忘记了，直到那个年轻人在不久这后再次出现在他的面前。每天忙得不可开交的导演已经想不起这个体形微胖的年轻人是谁了。年轻人把那天的事情重新说了一遍之后，导演猛然一拍额头，这才想起了这个年轻人。

导演吃惊地望着年轻人，简直不敢相信他在这短的时间里就胖了这么多！年轻人微笑着告诉导演，为了能达到导演所要求的角色体形，在这些日子里，他拼命地吃肉喝啤酒，从而让自己的体形迅速胖了起来。

年轻人说完之后，导演紧抿着嘴，半天没说出话来。导演知道，剧组里酝酿就需要这样一个角色，那天是自己为了打发走对方随便说的，本来是想让对方知难而退，没想到年轻人真的达到了他的标准。他用力地拍了拍年轻人的肩膀，郑重地向他道了歉，并且告诉他那天事情的真相，并且承诺一定给他安排一个合适的角色。

在随后的拍摄中，导演果然给年轻人安排了一个角色，年轻人也从此踏上影视之路。很多年后，已经年迈的导演在提起这段往事的时候，还唏嘘不已："多久没见过一个人如此清晰地知道自己想要什么，并且为自己的目标付出如此大的努力。当时我就在想，这个年轻人以后肯定是个了不起的人物！"

导演猜对了，这个年轻人在几十年之后的确成为了一个家喻户晓的大明星。这个名叫帕特里克·斯韦兹的男演员后来参加了《人鬼情未了》的拍摄，并且以自己饱含深情的演出感动了无数观众。从那之后，这部电影就被奉为爱情经典，而帕特里克·斯韦兹也成了最成功的演员之一。

要想爬山，就会有路。世上没有人办不成的事儿，即使是一座光秃秃的荒山，只要你一心想爬上去，就一定能找到路；即使找不到路，你也能自己踩出一条路来。所以，一个人若想有所成就，就必须知道自己想达到的目标，并且有不怕付出的决心和魄力。别说你的脚下没路！你缺少的只是寻找成功之路的决心和勇气！

四季秀的广告

这是隐匿在一排光鲜亮丽的服装小店中的一家，普通的招牌，普通的门脸，是你稍不留神就会错过的一家服装小店。名字也很安静淡雅，叫“四季秀”，是一个初看平淡无奇，仔细品味却是隽永无穷的名字。

两年前的一天，我和女友在街边小店闲逛，进入了这家不起眼的小店。女店主不算年轻，也不够时尚漂亮，更没有通常卖货商家的灿烂笑容和热情好客，完全是一副爱来不来的落拓神情。她也不向我们介绍自己的服饰，只随我们自己翻拣。我翻到了一条黑色长裙，穿了起来对着镜子看着，自己很是喜欢，问女友怎么样？女友看了一看说，也还不错。我欢喜地问价就准备掏钱买了，谁知那位冷漠的女店主上下看了我几眼，并不接我的钱，依旧是毫无表情地摇了摇头说道：“你不适合穿这件，不好看！你的皮肤本来就不算白，夏天里再穿黑色的更显得暗淡了。”听了她的话，我顿时沮丧，同时也大为诧异，从来没见过这样卖货的，顾客犹豫不决的时候，都要大力推荐不遗余力呢，更何况我这就准备买了，她却一盆冷水泼下来，我还怎么买啊。自然我放下了这条裙子，没法买了。

可是，我也为她的真诚而感动，顿时好感倍增。就是为了这份真诚，我喜欢在这里买衣服。那天我和女友在小店里流连了一个下午，边找衣服边聊天，到底捧回了几件自己满意、她也说漂亮的衣裙。

再以后，别的店我基本上就不去了，经常是进出她的小店。这小店别看小，却是衣服样式多，物美价廉，并且极有品位，真如“四季秀”这个名字一样，一年四季都秀出美丽的风韵神采。我常常一边挑衣服、试穿衣服，一边跟她随意交谈，别看她表面上冷淡，交往多了，便感受到她真纯坦诚的魅力。她的热情藏在平淡的外表下，内心却是一副侠肝义胆。慢慢地我们竟成了无话不说的朋友。常常我爱不释手地抱着一大堆挑中的衣服，她却说你别买那么多了，你一个人带着孩子挣钱不容易，哪能这么花钱呢？差不多就行了，别买那么多了。我从来不问价亦不讲价，她说多少是多少，而她也从来都是给我能给的最低价。有时候钱没带，就直接拿了衣服先走，什么时候路过再送过去。

经常来这里，我发现她的生意相当好，每天人来人往不断。很多顾客都是熟客，大多数跟我一样，被女店主的真诚坦率打动，从此驻足不肯离去。因为真诚，便觉亲切，更生出一份信任，在这自然亲切的气氛中，我们买的不仅是衣服，更是一份美好的心情。

没有热情洋溢的招徕，真诚是最生动的语言；没有言不由衷的赞赏，真诚是最美丽的广告。这是这个普通的小店女店主给我的启迪。

执著的价值

一个只有初中文化程度的打工仔，在他23岁的时候，就走进了中国地名研究领域的最权威机构——中国地名研究所，成为中国地名研究方面的卓有成就的专家，他就是曾经当过泥瓦工的地地道道的农民刘仁军。他没有学历，没有学位，没有职称，更没有什么可以依靠的关系，他凭借的完全是自己的实力。他不仅能连续不断地背出全世界9000多个地名，而且对各地的常住人口、交通状态、名胜古迹和土特产品都了如指掌。他是目前地名记忆数量方面的吉尼斯世界纪录保持者。

刘仁军的成功靠的是什么，从他不太长的人生经历中，我们可以看出，他靠的是执著。他对地理学习和研究的执著简直到了痴迷的程度。上小学四年级时，他便对地理课本着了迷。上别的课，他也偷偷地看地理书。后来刘仁军不上学了，在家里除了吃饭睡觉，其余的时间他都把自己关在屋子里摆弄地图。父母认为他这样做是“游手好闲”，便让他去学瓦工。他学瓦工也是三天打鱼，两天晒网，大部分时间还是在家里看他的地理书。有时还跑到镇上买世界政区和中国政区的挂图，然后把它们按国界和省界剪开打乱，做辨认国名省名的游戏，加深记忆，而且乐此不疲。不仅如此，每个星期，他都要骑40多公里的车，到南京市区的新华书店去抄资料，通常一抄就是一整天。因此他被街坊邻居认为是“不务正业”，把他当成“疯子”，甚至还拿他当做“不学好”的典型教育子女。由于刘仁军总是沉浸徜徉在他的地理王国里，工友们也都认为他脑筋有问题，经常说三道四。对这些闲话，刘仁军从来不去理会，仍然执著地按照自己的方式学习和生活。

工夫不负有心人。1998年，刘仁军从《扬子晚报》上看到一则消息。有个人在3小时50分的时间里背出4810个地名，便得到了上海吉尼斯总部的认证，获得了1998年度吉尼斯中外地名记忆方面的世界之最。当时他已经能背出5000多个地名了，他决心打破吉尼斯纪录，获取新的“世界之最”。

为了不被干扰，他在南京郊区租了一间屋子，基本上足不出户，认真准备。在2000年3月，经过南京师范大学地理科学院的测试，他一口气竟背出了8856个地名，只花了3小时45分。他很顺利地拿到了南京公证处的公证书。两个月后，刘仁军终于盼来了他梦寐以求的打破吉尼斯纪录的证书。凭借着他用心血和汗水赢得的这张吉尼斯证书，他走进了中国民政部地名研究所，成了我国地名研究方面的专家，把自己的人生价值提高了一个档次。

刘仁军的成功之路是艰难的，如果没有锐意进取的执著精神，他是无法实现自己的人生追求和理想的。

专注才会无敌

因为公司上市首发价创A股新高，李锂和李坦夫妇2010年成为内地“新首富”。李锂说：“我会做的只有肝素钠。过去25年我就只做了这一件事。”

李锂出生于1964年。上世纪80年代，李锂、李坦同在成都科技大学求学，就读于化学系。1987年，李锂毕业后，来到成都市肉联厂工作。

当时硕士毕业的徐枫岩教授来到成都肉联厂下属的成都生化制药研究所工作，徐教授经过一段时间的接触、交流，发现了李锂身上特有的品质：“他不浮夸，不善言谈，但思维敏捷。除认真踏实外，他还善于学习和钻研。”

那时的工作、生活环境不能和现在相提并论，肉联厂里常年恶臭，但李锂无暇顾及这些，只是在研究所里低着头忙自己的研究。常常把自己关在实验室，一关就是一整天。

“其实当初他学的是化学专业，对生物技术可以说是陌生得一窍不通，没想到多年后的今天，他却在从事着与生物息息相关的产业，他厉害就厉害在他肯钻研和坚持。”徐教授很是感慨李锂乐于钻研、贵在坚持的精神。

在上世纪80年代，他们掌握的制取肝素钠的技术与现在国际标准就已经相差无几了。只可惜外商压价、国内管理不善，加之制肝素钠的原料药会造成环境污染等原因，并且能始终坚持的人也所剩无几，最终致使整个原料药市场渐渐萎缩了。但李锂认识到肝素钠是用于心脑血管疾病治疗的最有效药物，市场空间非常大。随着人们生活水平提高、社会压力加大，发生心脑血管疾病的人也在增多。李锂坚持了下来。现在看来，李锂的努力和坚持没有白费。

1992年10月，李锂离开成都肉联厂，在重庆通达正式开始了他的创业路。1998年，怀揣着第一桶金，李锂做出了一个重大的决定：去中国经济发展的最前线——深圳，成立深圳海普瑞实业公司，仍然经营肝素钠原料药的生产。

公司创立12年来，海普瑞只做了一件事：把农户从猪小肠中提取出的肝素粗品，提纯加工成肝素钠原料药出口。每天大多数时间，李锂不是在实验室里捣鼓，就是在车间里转悠，十年如一日。他除了吃饭和睡觉，绝大多数时间都在工作。

FDA的认证难度较大，需要一个比较漫长的过程，海普瑞2003年便开始了FDA的认证申请，直到2005年海普瑞终于通过了美国的FDA认证，2008年通过欧盟CEP认证，从此敲开了全球下游制药企业市场的大门，一举成为全球最大的肝素钠原料药生产商。这正印证了他“十年苦心孤诣，今日厚积薄发”。

李锂的执著得到了回报，在细分市场，海普瑞早已是无冕之王：公司产品99%以上出口，客户遍布全球，包括世界知名的跨国医药企业。2009年的跨越式增长，加上创业板目前的高估值，使得海普瑞创造了新的市值神话。海普瑞董事会秘书步海华这样赞誉自己的老板李锂：“他很专注，非常专注，非常专注。他决心把中国的肝素产品做出全球价值。”

面对新的角色，李锂董事长感谢广大投资者对海普瑞的信任与支持，同时表示海普瑞在这个行业里居于领导地位，希望将来这样的优势能够得到巩固。“未来，我们将继续专注于专业。”

王石专注，让万科成为了房地产的“巨头”。

巴菲特专注，成为了世界首富。

李锂专注，成为了中国首富。

成功就是如此简单，日复一日地坚持，日复一日地持之以恒。只要你比别人更专注，你就将无敌于天下。

黛比的商道

她叫黛比·弗尔慈，20世纪50年代生于美国加州的一个普通农家。结婚后，作为家庭主妇，面对日益拮据的生活，她想到创一份属于自己的事业。但做什么呢？一没有雄厚的资金，二没有一技之长。于是，她想到了自己最拿手的就是现烤软饼干，不如就开一家这样的专卖店。

产生这种想法的当天，黛比找到了她认识的一名行销专家。他在一家公司担任高级主管，了解市场经济，熟悉市场行情，更重要的是这位专家曾经吃过她做的饼干，对她的饼干赞不绝口。

黛比一见到这位行销专家，就对他说："你一直很喜欢我做的现烤软饼干，现在我想投放市场，你认为怎么样？"

"这根本行不通，没人会买你的现烤软饼干。"

听了这位行销专家的话，黛比有点不死心，专门请教了不少食品方面的专家，他们大多还没顾得听完，就连连摆手，一致表示反对。她知道，他们提出的问题和困难，不论谁创业都会碰到。

于是，黛比想到了自己的家人，他们经常吃自己做的现烤软饼干，会有更亲身的感受，一定会理解和支持她开饼干店的想法。

想不到妈妈一听到黛比的想法，就满脸慈爱地说："我不希望你每天站在热得要命的烤箱旁边去卖现烤软饼干，还不知道能不能赚到钱。"

婆婆一听，立即提高了声调，对黛比说："那根本行不通。你从没有做过什么生意，家中的这点积蓄投进去，一旦血本无归，你们可怎么生活得下去。"

黛比想不到自己在家人面前又碰了一鼻子灰。于是，她找到了周围的邻居、同事，逢人便讲自己想开饼干店的想法，想多方征询他们的意见和建议。没想到，他们好像事先商量好的一样，都异口同声告诉她，这主意太怪了，你去做根本不会成功的。

后来，黛比把这一想法告诉给自己最要好的朋友温蒂·马克斯。她想自己最忠实的老朋友即使不怎么支持，也会给她说些令她宽慰的话。想不到温蒂·马克斯一听她的话，马上告诉她："我根本无法想象这点子成功的模样。"

面对大家投来的怀疑眼光，黛比没有选择放弃，1977年8月，她孤注一掷地开了第一家现烤软饼干专卖店。

开张当天，黛比的饼干专卖店真的没有迎来一个顾客。在当时，一般人家都会自制饼干，就算要买，大家总是买已包装好的、咬起来脆脆的饼干。难道自己开这种店，真的如人们所说，根本就不可能赚到钱？

在极度沮丧的情况下，黛比想到了采用免费试吃的方法来吸引顾客。于是，她面露笑容地从店里端出一大盘饼干，走到街上请来来往往的行人试吃。在让人们免费试吃的过程中，拉拉家常，交流一下做饼干的心得，创造了一种温馨友善的气氛。时间一长，人们都自愿到她店里购买她做的现烤软饼干，很快就有了回头客。

随后，黛比的饼干专卖店顾客越来越多，规模不断扩大，她想到了开连锁店，从第一家开到第二家，一直开了几十家。最早的连锁店由她授权本店员工去经营，她自己则专注于饼干的质量管理。后来，她的饼干店越开越多，从美国开到世界各地，已先后在全世界1400多个城市开了饼干连锁店，年营业额逾4亿美金，成为世界最大的“现烤软饼干”店的创办人。

另外，由黛比本人完成的第一部著作《黛比厨房的一百道食谱》，印刷成书，至今销售已超过180万册，成为第一部跃入美国纽约时报畅销书排行榜的食谱。她成功的创业历程，受到美国各方的赞誉和好评，先后荣获“全美十大杰出创业女性楷模”等荣誉称号，因而邀请她到各地演讲的邀约不断，她还成为美国知名的励志演说家。

这就是黛比，相信自己，专注一心去经营是成功的关键。正如她本人常说的一句话：“只要认为自己是对的，就没必要在乎别人的看法，只管尽最大的努力去做就是了。”这可能就是我们常说的商道吧。

只有打败自己

二年级的女儿放学回家，迫不及待地告诉我，今天她被抽去参加了一场特殊的考试。考试的内容很有意思，全是和日常生活有关的，这让女儿很是诧异。没有算不完的算式，没有填不完的空。女儿考得很轻松，全然没有往日一见考试就发蔫的势头。

结果出来后，女儿竟然考得非常好，超过了许多平日里成绩很好的同学。我认真地看了看试卷，有一题是：你坐在飞机里，看到窗外的云在动，是为什么？这道题是关于参照物的问题，没想到女儿竟然会答，让我不得不对女儿刮目相看。是呀！平时我们都是拿那些成绩好的同学当参照物，却忘了我的女儿也可以是自己的参照物。

拿别人当参照物，正成为现实生活中许多人的习惯。大多数人仿佛都有一种潜意识：如果没有别人，就感觉不到自己存在的价值。于是乎，工作中和同事比，比谁的工资高，比谁的待遇好；生活上和朋友比，比谁嫁的老公好，比谁家的车子更先进。

就连孩子也不能放过，你让孩子学舞蹈，我就让孩子学钢琴，决不能让咱孩子输在起跑线上。

这样比来比去，结果只能让自己的心灵被蒙上阴影。要知道在这个世界上，天外有天，人外有人，我们不可能在所有的方面都强过别人，如果哪日比不过人，便会整日在自卑的情绪里煎熬。

俗话说："闻道有先后，术业有专攻"每个人都有自己的特长，也都有自己的短处，千万不要看到别人的一点长处就失去心理平衡，要相信"天生我材必有用"正像我们的手指，有大有小，又长又短，但它们都各有各的用处，你能说，大拇指就比小拇指好吗？

回头想想自己当初，赤手空拳的来到这个城市，通过自己的奋斗一点一点的积累，如今娶了妻，生了娃，在城市里有一个能遮风避雨的家。虽然别人的生活我们还没办法超越；有些事情发生在别人的身上会是什么的？我们也不能改变，但是，我很珍惜现在所拥有的一切。其实，今天和自己的昨天比；明天和今天比，一天就比一天更充实，一年才比一年更长进。

活在当下，最重要的是做好自己，把自己设为参照物，只和自己过招才是明智之举。

智慧“多一点”

周末逛街，妻子突然想起来要剪个头发，刚好在路边看到一家名为“多点”的双层理发店，这店名起得挺有意思，里面看上去也挺有格调的。走进去后，我发现在每一个座位对面的工作台上，都有一台电脑。

理发师走过来让我人士上后，然后开启了电脑，把一个遥控鼠标和键盘递到我手上，再给我系上脖裙开始理发。我用遥控鼠标打开首页，先是看到了这家理发店的主页，里面介绍着各种发型和价格，在另一边则连接着许多新闻网、阅读网甚至是购物网，我选择了一个小小说阅读网。平时理发觉得时间特别慢，可是今天却觉得特别快，还没有看几篇小说呢，就理好了，等我站起来的时候，甚至有些意犹未尽的感觉。

妻子正兴致勃勃地看着一部什么电影，因为女性的头发要多花一些时间，所以我就坐在一边等她。这时，我看见一位年轻人正在摆弄理发店的博客，于是我便坐在边上与他聊起了天，原来这位就是理发店的老板。我忍不住问他，别的理发店顶多放一台电视机，可你这里却每个座位上都安一台电脑，这得要花多少钱啊。

老板笑笑说：“这个‘多’字的意义是多角度多方面的，他可以理解成是‘多’了一笔投资，也可以理解成是‘多’了一项特色，当然，更主要的是多了一些收入！”

这还能关系到收入？我纳闷地问。老板见我有兴趣，就一五一十地从头讲起了：原来，他的店在最初只有一层，里面也只是摆一台电视机，而实际上并没有多少人愿意去看，而一旦电视里发出精彩的声音，那些正在理发的顾客总会不由自主地扭动脑袋去看几眼，这很容易影响到理发师为他们摆弄发型，而大多数时候，顾客们都只能在无聊中度过那几十分钟，特别是对一些烫发染发的顾客，那一段时间简单可以说是煎熬！

后来，一位顾客在理发的时候接到一个电话，有个朋友叫他赶紧上QQ接收一个文件，那位顾客说现在不便上网，晚上回家再说，遗憾之情溢于言表。这件事情让老板产生了一个大胆的想法：在每个座位前面都装一台电脑。可是这样做就意味着要多花好几万块钱，值得吗？老板算了一笔账，值得！一台电脑的直接成本非常有限，但形成一种独一无二的特色后，它所能创造出来的后续效益，则是无限的。

老板一咬牙，在第二天就花了两万块钱买回了20台性能和成色都还不错的二手电脑，并且配备了遥控鼠标和键盘，同时，老板还制作了自己的博客，不仅给自己起到宣传的作用，更设置了许多连接网站，为顾客提供方便。这样一来，每一位来过这里的顾客都成了老顾客，慕名而来的新顾客更是一天比一天增多，他们在理发的同时可以上QQ，看电影，甚至可以炒股、办公……

从那以后，营业额迅速开始往上翻，老板甚至不得不腾出原本只用来烧饭住宿的二楼，也装潢成营业场所，而且每天还必须延长两个小时的营业时间，老板接下来告诉我，他已经把几位得力干将派到上海去深造学习，提高服务技能和增加店内亮点，双管齐下，他相信一定能把自己的理发店打造成全市第一！

老板的话让我久久沉思，是的，商机存在于生活的任何一个细节中，关键就看你能不能发现。谁都知道理发的时候很枯燥很无聊，但是这位老板却能从中发现并打造亮点的缺口，而之所以他能发现，我想，老板在起“多一点”这个店名的时候已经说得很清楚了：多一点心思去观察，多一点心思去思考，多用一点心思去考虑怎么为顾客提供更好的服务。

这“多”出来的任何一点，永远不会是多余的。

倒空失败，迎接成功

失败也很可贵，因为你可以把失败当成创造的良机。

谁都有可能遭遇挫折，很多人面对挫折，就会失去人生的自信，再也不愿意去努力，甚至断言自己是一个失败者，自己和成功无缘。

其实，并没有失败，只是暂时没有成功而已。如果敢于倒空“失败”，那么成功同样属于自己。

《凤凰卫视》著名的战地记者闾丘露薇曾经在复旦大学做过一场报告，这场报告吸引了近千名学子，他们当中大多数即将走出校门。

令人意外的是，在这场报告会上，闾丘露薇并没有谈太多自己的成名经历，也没有讲那些战地采访的故事，而是一再向大学生们强调两个字——归零！

为此，她讲述了工作中难忘的两次经历。

第一次是她刚刚从复旦大学哲学系毕业，还没有进入新闻行业。

有一天，她看到一家会计师事务所需要一名英文翻译，于是发了简历去应聘。

对方一看她是名牌大学的毕业生，很快就通知她去面试。

闾丘露薇对这次面试非常自信，因为读大学时，她的英文水平在系里就是拔尖的。

笔试时，对方要求闾丘露薇翻译一份会计报表。虽然可以查字典，但是对着那些专业名词，她根本不知道从哪里入手。

等她把翻译好的报表交到考官手上时，考官只看了几眼，就皱起了眉头。

结果可想而知，闾丘露薇没有得到那份工作。

那次失败的面试给闾丘露薇打击很大，她开始怀疑自己的能力。直到半年后，她考进了一家国际会计师事务所。这家公司花了大量时间对新员工进行培训，几个月下来，闾丘露薇的财经专业英文水平突飞猛进。这时，她才重新找回了自信。

后来她进入新闻行业，刚开始时她很自信，觉得自己站在镜头前挺清秀可人。

可突然一天，她的一个上司对她说："我觉得你不适合做电视，你的雀斑，电视上看得一清二楚。"

这句话仿佛给初入新闻行业的闾丘露薇当头浇了一盆冷水，她的心情沮丧到了极点，面对镜头开始变得不自信，怎么也找不到自如的感觉。

这时，一位同事说了一句让她受益终生的话：“你一定要记得，在镜头前面，不要老想着自己漂不漂亮，你需要想的是，你要告诉观众什么，这才是最重要的。”

这句话让她恍然大悟，在镜头面前，她不再想着自己的外表，而是专注于如何通过自己的内心向观众传达最有价值的信息。慢慢地，她找到了自己的风格，多次深入战地采访，并成为第一位进入阿富汗战地采访的华人女记者。

这两次经历，让闾丘露薇感到，在职场中，越是难受、挫败的时刻，越需要归零。

在面试失败、被上司否定的时候，如果闾丘露薇就此认定自己不行，不敢再去尝试，那么就不可能有今天这位出色的战地记者。

人生就是一个不断尝试和修整的过程，也是一个不断寻找自己最佳成功点的过程，这其中难免会有一些曲折。但是，你一定要明确这样的信念：

在一个真正追求成功者的字典中，并没有“失败”两个字。只有你勇敢地追求，不断地提升，你同样会拥有梦寐以求的成功！

不懂业务的智慧

美国思科系统公司总裁钱伯斯在答记者问时声称自己对公司业务、销售、管理方面的知识一窍不通，这些工作分别由业务经理、销售经理和副总裁具体负责，自己只是干一些诸如去幼儿园给单身的业务经理接孩子、有时去药店给销售经理买胃药、给公司员工准备生日蛋糕、给加班的副总裁煮夜宵之类的工作。

乍一听，这个总裁简直有些不务正业，怪不得有人会发出“这哪是总裁呀，完全是一个勤杂工嘛”的慨叹。

钱伯斯坦言自己就是一个勤杂工。他说：“我可以不懂公司里的任何事情，但我不能不懂得如何照顾我的属下、我的员工！作为公司的总裁，只要做好了勤杂工，那么成功就非我莫属！”

其实，钱伯斯深谙管理之道，是最高明的管理者。他的管理艺术就是把人放在了第一位，把尊重、关心下属与员工作为自己的首要任务，而把具体的工作分别交给了业务经理、销售经理、副总裁……让他们各司其职，各负其责。他这是典型的人性化管理，真正把“以人为本”作为自己最主要的工作，落实到了具体的行动上。

在别人看来，“接孩子”、“买胃药”、“准备生日蛋糕”之类的寻常小事，根本不需要劳总裁大驾，根本没必要由总裁亲力亲为，交给他人也完全能够干得了、干得好。但钱伯斯却不这样认为，他认为这些小事直接影响着总裁跟下属和员工的关系，直接影响着员工对企业的感情，直接影响着员工们能不能一门心思、心无旁骛地干好各自的本职工作——事实的确如此。

如果一名员工的后顾之忧没有解决好，他就不可能全身心地投入工作，他可能在工作的同时，不得不分出一些时间、心思和精力考虑家庭、孩子等等的事情。在一个团队队里面，一两个人这样想、这样做，影响或许不是太大，但是如果每个人都这样想、这样做，那麻烦和损失显然就大了。

钱伯斯的高明之处就在于他用自己一个人的成本解决了所有员工的思想和生活方面的问题，使整个团队形成了九牛爬坡、个个出力的良好局面，使企业和效益最大化。这样的企业，成功是必然的。

管理工作中最难的是管理人、管人中最难的是管好人。钱伯斯的管理之道在于管“心”，而不是管“身”。他不搞一言堂，他敢于放权，他充分挖掘和发挥了每个人的潜能和主观能动性、创造性、形成了强大的凝聚力和向心力。他这种管理方式跟我国古代道家讲的“无为而治”有异曲同工之妙。

钱伯斯的管理之道值得管理者学习的方法很多，好多人一旦走上领导岗位，手中多少有了一点权力，就觉得自己成了百事通，什么都懂，什么都会，事无巨细，时时处处事事都想发号施令，指手画脚，不敢放权，不会授权。事必躬亲，结果却顾此失彼，适得其反，什么也管不好。因为一个人不管多么有才，多么聪明，多么能干，时间、精力、智慧都毕竟是十分有限的，事事都管，既管不过来，也不能管好。所以最好的管理就是调动起大家的积极性，运用好每个人的创造力。管理者如果管得过多、过细，必然会束缚下属的手脚，妨碍甚至阻碍他们正确行使自己的权力，履行自己的职责。

帮助，不需回报

李嘉诚还没成功的时候，曾经流落街头。一天，天正下着大雨，李嘉诚无处藏身，就躲在学校门口的一棵树下，破衣服全都淋湿了，冻得他瑟瑟发抖。这时，一个中学生打着伞上学来，见他冻成那样，就走上前去，把伞递给李嘉诚，说："叔叔，用我的伞吧。"李嘉诚看看中学生，问："那你呢？"中学生说："我跑进去就行，放学时你记得还我。"说着，就跑进了学校。

李嘉诚打着那把伞，避过了那天的大雨，但那天放学的时候，他却因为到处奔波没能给中学生送伞。第二天，李嘉诚给中学生去送伞，可等了一天，也不见中学生从校门里出来。第三天，第四天，第五天……李嘉诚一直在学校门口转了七天，始终没见到那个中学生。

后来，李嘉诚成功了，有钱了，可他只要有时间，就会拿着那把伞到那所学校门口转一圈儿，想找到那个中学生，把伞还给人家，可他却一直没能如愿。再后来，李嘉诚成了全球华人首富，那所中学也搬迁易址，但李嘉诚还是不死心，每次出门的时候都带着那把伞，希望有一天能遇到当年送他那把伞的中学生。

二十多年过去了，李嘉诚还在寻找当年的那个中学生。但他已经没有精力自己寻找，而是把这个任务交给了行政部张经理，他说，只要找到伞的主人，就让伞的主人马上去见他。张经理恭敬地收下那把伞，说会尽力寻找伞的主人。

可是后来，李嘉诚多次催问，张经理都说没有找到。李嘉诚认为张经理办事不力，决定把他下放到下属公司。临走那天，张经理找到李嘉诚，希望能带走那把伞。李嘉诚说："不必了，寻找伞的主人会有人继续做。"张经理沉思良久，说："李总，你不用再找了，我就是伞的主人。"李嘉诚笑了："你就是？我不希望你跟我开这种玩笑。"张经理说："我没有开玩笑，我就是当年送你伞的中学生。"

张经理说，他当年送给李嘉诚伞之后，曾在放学的时候寻找李嘉诚，但李嘉诚没在学校门口。第二天，他就转学去了别的地方，再后来又到英国上大学，时间一长，他就把送李嘉诚伞的事儿忘了。大学毕业回到香港之后，张经理应聘到李嘉诚的公司，他看见李嘉诚经常拿着一把伞，也一直在寻找伞的主人。而张经理也认出了那把伞，那把当年他送给一个街头小贩的伞。如今，街头小贩已经成了香港赫赫有名的人物，成了他的顶头上司。他没有去认领那把伞，他不想用那把伞在公司里遮风挡雨，不想借着那把伞往上爬。他从小职员干起，一直干到公司行政部经理，但他始终没对李嘉诚说那把伞是他的。今天他找李嘉诚，也不想向李嘉诚提什么要求，只是想澄清事实。

张经理说完，李嘉诚愣了好久。突然，他走到张经理面前，郑重地给张经理鞠了一躬："小张，谢谢你，谢谢你当年对我的帮助，我知道你不想让我为你做什么，但有一件事我要告诉你，你送我的那把伞，我在创业时一直使用它，因此，我把它算做了10%的创业股份，现在，我把这10%的创业股份还给你，请你接受。"10%的创业股份是多少钱，张经理心里清楚，但他却摇摇头，说他的那把伞不值那么多钱，只希望李嘉诚还给他那把伞。李嘉诚被张经理深深打动了，恭恭敬敬地把那把伞还给了张经理。

以后的故事不必再说，但我们不能不为李嘉诚的诚信和张经理帮助别人不求回报的精神震撼。做人一定要讲诚信，受人滴水之恩，就当涌泉相报。但做人更应该大度，既然帮助了别人，就不要念念不忘，更不要苛求别人给予回报。不求回报的帮助，往往会得到比回报更多的回报。

摔倒的艺术

初学单板滑雪时，经常控制不住身体平衡而摔倒。于是每每即将倒地之前，便极力挣扎一番想重新调整，却总是事与愿违，反而摔得更疼更重，甚至引起运动损伤。

后来父亲教导我："该摔倒时就摔倒，顺其自然地从容摔倒既能避免伤痛，又可以减少体力消耗，提高滑行程度，从而达到一举多得的效果。"

随着年龄与阅历的增长，父亲的这番话在脑中不仅没有遗忘，反而越发地清晰起来，因为他不仅教会了我滑雪的技巧，更让我懂得了一个看似浅显实则深刻精辟的人生道理。

从容地摔倒，从容地直面生活的伤痛与逆境，往往是决定成败胜负的一种大智慧。

苦难与每个人如影相随。当你在追求梦想的奋斗过程中不幸遭受沉重打击与挫折，败局已然注定之时，命运的严峻大考方才真正开始。

一种人将荣辱得失得看太重，无法承受可能面对的后果，于是缺乏理智地孤注一掷，心有不甘地冒险一搏，然而这种没有任何希望的徒劳“挣扎”不仅于事无补，反而会将失败的窟窿越捅越大，引发毁灭性的崩溃，酿成更为惨痛的悲剧。

另一种人则在经过理性思考与冷静权衡之后，果断地快刀斩乱麻，心平气和地坦然“摔倒”，该低头就低头，摆脱一时的名利羁绊，以示弱的方式痛定思痛，从头再来。这样能屈能伸从容豁达的举止与心态反倒使他们卸下了重负，得以养精蓄锐，重新赢得了反败为胜的生机。

因此，输得起，放得下，尊重客观形势与规律，懂得收敛与放弃，以退为进地迂回前行，无疑是任何一位成功者必备的修养与品性。

乔布斯曾经被他亲手苦心创立的苹果公司扫地出门，在许多人看来，这是一种奇耻大辱，必须坚决抗争“挣扎”一番，然而他却选择了离开，选择了再次创业，谈及此事，他的回答耐人寻味：“从苹果公司被炒是我这辈子发生的最棒的事情，因为作为一个成功者的沉重感被作为一个创业者的轻松感觉所重新代替，对任何事情都不那么特别看重。这让我觉得如此自由，进入了我生命中最富创造力的一个阶段。”

正是这一具有远见卓识的从容“摔倒”，使他后来得以东山再起，重掌苹果，成就传奇般的辉煌一生。

老子云：“胜人者有力，自胜者强”，战胜自己，首先就必须认清自身的弱点，摆正自己的位置，及时反省警醒，谦逊地接受他人的批评与建议，不争一时之气，不逞一时之勇，前车覆，后车诫，方能始终立于不败之地。

从容地摔倒，自然是为了更快更强地站起来，如果只是一种精神颓废的退让，一种意志消极的逃避，一种自甘人后的懈怠，则与其本意背道而驰，这样的人生必然乏善可陈，庸庸碌碌，无所作为。

从容地摔倒，能够敏锐地把握住时机，绝不拖泥带水，优柔寡断，必须改变的是故步自封的僵化思维，必须汲取的是他人的经验与智慧，必须坚持的是勤勉奋发的求知态度。宁静方能致远，好学方能进步，成功无偶然，投机取巧想走“捷径”，反而会事倍功半，得不偿失。

从容地摔倒，需要保持宠辱不惊淡然如水的定力。花开花落两由之，不以物喜，不以己悲，笑看风云变幻世事冷暖，顺其自然，随遇而安，守住一作风骨，一份优雅，一份执著，一份冰清玉洁的品格与性情，这样的生活质朴却不失精致，散发出沁人心脾的幸福快乐之清香。

从容地摔倒，体现出的是高瞻远瞩海纳百川的宽广胸怀。“人有不为也，而后可以有为”，成大器者必然不拘小节，必然深明割舍之道。“不畏浮云遮望眼，自缘身在最高层”，摔在低处，思想与灵魂已然上升到高点，上升到风轻云净的精彩境界。春华秋实，这样跌宕起伏的曲线描绘出的将是绚丽无比的生命风景。

细细想来，策略性地摔倒的确是一门艺术。

人和豆芽都一样

我很怕冷。在冬天里，不是必须要出门，我就绝不出门，有时甚至好几天不下楼。平时只我一人在家，吃饭能对付就对付了，不爱出去买菜。突然想，生点绿豆芽吧，没有菜时可以做着吃。并且绿豆芽有多种吃法，能炒，能凉拌，还能做烙饼。吃绿豆芽又可以解毒，一材多用，我何乐而不为呢?

于是就找出一些绿豆来，用温水烫了一下，待水凉透后，又泡了一段时间，然后把水倒出去，蒙上一块布，就等着出芽了。

第二天，掀开绿豆上的湿布，就看见绿豆的一端，长出针尖一样细的小芽。我好高兴，一天给绿豆换好几次水。第三天，针尖一样的小芽长长了，但是很细，像一截白线头。我就每天给它勤换水，为了让它快些长大，又把它从桌子上移到地上。因为我家是地热，所以地面像平房里的土炕一样，总是热乎乎的。可是，它并不像我所期待的那样，白白胖胖，一掐就出水。在还没有长出能吃的芽来，就已经生根了，并且根要比芽长。怎么回事呀？完全不像在朋友家吃的那样。

给朋友打电话，朋友说，你把它上面压得沉一些。我说，不会压死吧？朋友说，你看见过大石头底下有压死的小草吗？也是，大石头下的小草虽然生长得很艰难，但总是百折不挠地向上蹿和拱，才能在石头和土地的缝隙里伸出柔弱的身躯，才能呼吸到新鲜的空气，享受到温暖的阳光。

我把一个代替茶盘的瓷盘子及盘子上的茶杯，一股脑地压到了豆芽上。第二天，豆芽果然长长了，也长胖了。于是，我或者炒，或者用水焯一下凉拌。好几天不下楼照样有菜吃了。

星期天中午，女儿回家吃饭。我指着凉拌绿豆芽说，我生的豆芽就剩这一盘了，全吃光了。女儿说："这豆芽长得像你，瘦瘦长长。"我说："这豆芽的生长过程像你，需要给点压力，才能好好生长。"女儿很不服地撇了一下嘴。我说，你还别不服，真是这样的。我就把生豆芽的过程讲给她听，女儿就不再言语了。

女儿的脑子不是很笨，有时还有一些小聪明。可是在学习上，成绩总是大起大落，老师和家长给些压力了，她的成绩就上一上，成绩上来之后，我就不再管她。下一次考试肯定就一落千丈。从小学到高中几乎一直是这种状态。我虽然也不赞成死读书，可我们现在的高考制度，毕竟是要看成绩啊！没有一个好成绩，就是不能去好大学读书。

不只是孩子，其实成年人有时也需要一些压力，常有作者跟我说，我的某某文章就是叫你给逼出来的。我说一逼就逼出一篇好文章，这不是很值吗？人一懒惰，春花秋月都付之东流了，到头来剩下的，只有后悔和遗憾了。古人有诗云："少壮不努力，老大徒伤悲。"

由此看来，人和豆芽一样，还是应该有些压力的。有了压力，人的潜能才能释放出来，才华才能展现出来；有了压力，才能有所进步，才能取得成绩，从而实现人生的价值。

第四章
Chapter 04

人生不需要设计

被优势打败的人

像大多数大学毕业生一样，罗明经过五年医科大学的深造，踏入了求职大军的行列。罗明是学生会干部，几乎年年获得奖学金，可谓出类拔萃。学校组织了一场招聘会。他约好友周斌一同前去，并踌躇满志地说：“我想进一家有实力的大医院工作，这样才不会辜负大家对我的期望。”周斌苦笑：“我成绩平平，没你有优势，能有单位愿意要，我就很满足了。”

招聘会现场人头攒动，几十家医疗单位被上千名毕业生围得水泄不通。罗明把目光锁定在几家大医院，但他的简历在手里捏出了汗也没投出去，因为人家的招聘条件写得很清楚：学历最低硕士。一天下来，罗明毫无收获，晚上碰到周斌，周斌说：“一家小医院正处于发展阶段，很缺人，他们叫我下星期去面试，要不你也去看看吧。”罗明想起自己出色的专业成绩和那一大摞儿荣誉证书，怎么也不甘心屈就一家还没发展起来的小医院，他谢绝了周斌，并决定到人才市场再去试试。

罗明拿着精心制作的简历在人才市场跑了一星期，仍然毫无结果，倒不是没有单位愿意要他，而是他总找不到自己理想的单位。再次见到周斌的时候，周斌已经与那家小医院签订了就业协议。“你去看看吧，他们虽然规模不大，但很重视人才，许诺一定给每个人施展才华的空间。”

罗明叹了口气，敷衍周斌说有空的话就去看看，真实的想法却放在心里：“我一直是学生会干部、优等生，去一家毫无前途的小医院，不是说明自己太失败了吗？更重要的是，父母、老师会怎么想，同学们会怎么看……”

就这样，罗明在彷徨中等来了毕业典礼。周斌拉着他一起合影，告诉他：“我马上要去那家医院上班了，你有什么打算？”罗明扫了一眼载满自己辉煌经历的校园，无奈地说：“我想到南方的医院去试试。”

一晃一年过去了，罗明漂泊在南方繁华的都市里，一次次地投出简历，简历一次次如泥牛入海。他靠打短工勉强维持生计，该何去何从呢？他决定到上海做最后一搏，再没有结果，就考研。

周斌竟然也在上海，是单位派来公费进修的。周斌请罗明吃饭，罗明非常感激。“我刚去报到没几天，单位就派我出来进修。领导说，鼓励我们考在职研究生，只要拿到学位，学费全部报销。领导还说，今后要把我们当学科带头人培养……”周斌侃侃而谈，全然没有留意罗明的处境和感受，尽管饭菜非常丰盛，而罗明却味同嚼蜡。罗明心中暗想：以后再也不要和他联系了。

此后，罗明边打工边复习，终于考回了本校的研究生。三年的研究生生涯他卧薪尝胆，刻苦攻读，专业成绩依然十分优秀。当烫金的硕士学位证书发到手里的时候，罗明紧紧握住不放，仿佛紧紧地握住了光明的前程。他想起一些招聘简章上所印的“不低于硕士学位”，心情坦荡地再次踏上求职的征途。他来到本市一家颇有名气的医院参加面试。一排考官严肃地坐在会议桌旁，罗明忐忑不安地进行自我介绍，突然，他的心“咯噔”一下，一个熟悉而又陌生的面孔正对着他微笑。

是的，没错！那个从前唯自己马首是瞻的周斌，那个理着平头、穿着汗衫和自己一起去面试的周斌，如今，正西装革履、高高在上地坐在考官席上，决定着自己的命运。

罗明不知道自己是怎么回答各种提问的，当他神情麻木地走出考场时，一名护士小姐喊住了他：“同学，先别走，中午周主任请你吃饭。”

五六年没见了，周斌客气地招待了罗明，罗明却极不自然。“老同学，我也很意外。本来我在那家小医院干得不错，后来由我负责的一项科研课题获了奖，这家医院很感兴趣，就把我挖了过来，还给我任命了一个主任的职务。这次招聘人才，我们科是重点，所以把我也纳入专家小组，这才碰巧遇到你。”罗明尴尬地笑了笑，周斌有点儿愧疚地说：“按理说我是应该帮你一把的，可我们明确要求要有三年以上工作经历的医生，很难通融啊。”罗明一下子蒙了，周斌又说：“我原先在的那家小医院发展得很不错，虽说他们现在原则上也不收应届生了，但凭我的老关系应该没什么问题。当然，如果你不嫌弃的话。”罗明还是到了那家六年前他嗤之以鼻的医院上班。他想，究竟是什么原因使自己输给了起点不如自己的周斌的呢？正是由于自己的高起点所建立起来的优势，令自己陷入虚荣，左顾右盼，患得患失，导致一事无成。而周斌却没有那么多心思，脚踏实地，铁了心地把一件事做好，反倒获得成功。罗明终于明白，自己原来是被自己的优势打败了。

天大的事，跑完再说

一位年轻朋友问我，怎样才能事业有成，我说轻骑突进。又问有人嫉恨怎么办，我说轻骑突进。末后问我，万一对人生感到绝望了怎么办，我的回答还是轻骑突进，跑到前面看看，再作最后的决断。

怎么都是轻骑突进？朋友不满了。

我说，因为你正年轻，有这个能力。若是已不年轻，没了这个能力，我自然不会这样劝你。

我说的是实话，绝不是唆使人作恶。多少年来我就是这么做的，受益无穷。我做得不是顶好，对它的理解却是越来越深刻。道理很简单，比方说，有人嫉恨你，这时你是停下来，想法儿化解他的嫉恨，还是继续前进，让他把嫉恨变为由衷的钦佩，或是望尘莫及的喟叹？此后也许还会有新的嫉恨，毕竟已不是原先那个层面上的。若停下来化解，对手是个明白人还好说，若是个糊涂蛋，三年五载乃至十年八年地跟你纠缠下去，你能奉陪到底吗？

再比方，一时的挫折，让你对人生感到绝望，提不起继续生活下去的兴致，若你能拼上最后的一点力气，做一次冲刺，看看你在事业上或者思想上还能跑多远。也许你在事业上或是思想上走到一个新的层面，你对人生会有新的理解。那时，只有那时，你会发觉原先的绝望，是多么的幼稚可笑。

突进的道理，一说就清楚，能做到“轻骑突进”，也就是做到那个“轻”字的，就难了。而能否突进，起关键作用的，恰是这个“轻”字。几乎可以说，做不到“轻”，就不能“进”，更别说“突进”了。

举个例子吧。有的年轻人，高中毕业后，一看家庭经济困难，原来能考上大学的也不考了，说是要打工帮助父母减轻家庭负担。这份心志，不能说不可嘉，但是，若他想得长远一点，若是家庭经济还能勉强支撑下去，不至于穷到无以为继的地步，那么，他咬牙考上大学，再咬咬牙，读到大学毕业，那时再肩负起振兴家庭的重担，不是更为实际，也更为高尚吗？

“轻骑突进”的精义，就是在短时间内，最大限度地发挥自己的智力和能力，达到事业的高点。我们所做的一切，不管是搞科研的，还是搞艺术的，甚至经商的、从政的，从某种意义上说，都是要把人类在这方面已有的智慧，再往前推进一步。对个人来说，就是把各自的智力发挥到极致。轻骑突进，有点像百米赛跑，不管你有多大的困难，跑的这会儿是什么都不能想。天大的事情，也得跑完了再说。

企业的“大厨”

你开了个饭馆，不会做饭，于是请了个大厨。饭馆顾客盈门，大厨意识到这是因为他做的菜很受欢迎，但在你的饭店，他只能拿到不多的工资。除非这个大厨是你的老婆，否则他早晚有一天会找你谈：“你看咱们这个饭店开得也不错，这个饭店咱们要继续做下去，是不是分给我股份？”

每个人每天都在计算自己和别人之间较量的分量有多重，不管这个人道德有多高，他最后觉得自己分量重了之后，一定会向你要他那份分量。你怎么处理？

我要说的是：企业不能只有一个“大厨”。

我当时办新东方，一个很重要的依据就是，我自己就是一个大厨，我能上课，别人撂挑子，我可以立马顶上，而且比他还讲得好。

可如果你自己不是大厨，怎么办？在这方面我也有挺深的感触，做新东方这么多年，我总结出了两个办法。

其一，给大厨开高工资。

给员工最高工资时，就是企业最节约时。这句话是有道理的：第一，你给员工加倍工资以后，他可能就会拼命给你干活；第二，他的流失率非常小，原因是他到外面可能找不到这么高的工资。

当然，你用人的时候还要有另外一个计算：这个人离开你有没有一个更好的位置，如果没有，你给他的待遇只要到达你愿意给的就行。如果有，那你只有提高竞争门槛。当年新东方用老师，别人给每小时100元，我给200元，别人涨到200元，我给400元，这样人才就流过来了。

这个时候你可能会遇到一些刺儿头，我在这方面是受过重大伤害的。当时GRE数学我不会讲，我培养出来一个讲得顶好的人，但他对利益的需求远远超过我能提供的程度。他跟我说，希望加工资，这个班总共44节课，他上了14节课，他就要拿那14节课的钱。我问他，那我招生、办公、市场推广、租教室的费用谁来出？他说这个我就不管了。

我当然不会给他，当天晚上他就不去上课了。结果那个班的培训费我全部退给学员，除了数学课不上，其他课继续让他们上。

这件事情给我带来一个重大的认识，如果某个人在公司是核心人物，离开了他，公司就会出现重大问题时，一定要给他配另外一个核心人物。也就是第二个办法，对于在关键部门的人才，要给他做个备份。

当然，如果这两个人联合在一起，你就麻烦了。这两个人是不能让他们联合在一起的。我想宁可多花点钱，也绝不能够让这门课以后再没老师上，所以我一口气招了10个这方面的老师，精心培训，最后留下5个。老师多了，他们的心态反而平衡下来。

至于与大厨们相处的方式，我有一个经验之谈，就是允许他们在一个合理的范围内“掐”我。企业领导人是所有员工和管理团队的服务者，而不是领导者。要成为一个企业的领袖，最重要的是在被对方“掐”到无比痛苦的时候，还要去想他的合理性在什么地方。只要他“掐”不死你，你就得这么去做。

大部分的情况下，你的管理团队跟你“掐”，特别是有能力的大厨们跟你掐，一定有某种道理，你必须心平气和地思考真正的问题所在，去找到平衡他们的方式，而不是抱怨他们品德低下。

我从1992年创业到现在，一直被“掐”。我已经习惯于在被人“掐”中找到平衡点，并且享受其快感。如果你没有这种胸怀，不太容易做成大事。

兴趣：最朴实的智慧

王惠若是山东的一个乡村姑娘，虽然她从小有一手编织毛衣的好手艺，但是织毛衣毕竟不能当饭吃。2006年，22岁的王惠若来到了北京的一家公司打工，勤奋聪明的她在车间里只干了半年，就当上了生产线领班。哪怕是这样，王惠若对织毛衣的兴趣依然有增无减，闲时总要买回一些毛线织些东西过过瘾。

时间就这样一天天过去，虽然她也拥有了一份还算不错的收入，但她总希望能够开创一份属于自己的事业。那份事业既要自己喜欢，又是别人没有涉及的行业，只有这样才能在市场上立足。想到自己喜欢的事情，王惠若不由得想到了织毛衣，可是在北京这种地方手工钩织的毛衣有谁会穿？就算是给自己织一件穿，也一定被人笑成是老土。王惠若沮丧了。

一个周末，王惠若和朋友们一起去博物馆参观，看着那一件件古味浓厚的器具，王惠若动了心，以前钩编的东西都是平面的，如果能够钩编出这样的立体物件，一定很新奇，反响也肯定非常大。这样一想，王惠若决定用最原始、最古朴、最回归自然的材料和方式，钩编这些最古老的艺术品。

王惠若很快开始尝试，她在业余时间设计出了青铜鼎、古瓷瓶等物件的钩编方法。在材料的选用上，她也跳出了毛线的范围，根据不同的物件性质而采用不同材质的线绳，毛线、棉线、麻绳等不一而足。用了大约两个月的业余时间，她终于钩编出了许多惟妙惟肖的“青铜鼎”、“古瓷瓶”。随后，她来到附近的一条小街的夜市上销售，这些让人耳目一新的手工艺品很快吸引了人们的目光，大家纷纷掏钱购买。只用了一个晚上，王惠若就把那些“青铜鼎”和“古瓷瓶”卖了个精光。

初步的成功让王惠若看到了这个行业的前景，也令她更加坚定要做自己喜欢的事。王惠若很快辞职离开了工厂，用所有积蓄，在步行街上开设了一家名为“798艺术”的小店，她钩编了许多风铃、手袋、背包以及插满玫瑰的花瓶放在门口，另外她还设计出了更多的绳艺钩制法，不仅有陶瓷、青铜器、玩偶、花卉、手机链、钥匙链，而且还有各式玩偶，例如小兔子、小狗、老虎、小乌龟，以及玫瑰、菊花、向日葵、仙人掌等系列应有尽有。她把所有的编织法记录在一个小册子里，然后送到乡下，以“供料加工”的模式包给了乡下一些有编织手艺而又无所事事的妇女和老人，很快，一批批的产品就出来了。

王惠若把这些充满古韵，古朴典雅的工艺品高低有序地陈列在店里后，顾客便像潮水一样涌向她那间不足20平方米的小店，一时的“突发奇想”，竟然奇迹般打开了一扇市场之门，当月，王惠若就净赚了2万元。

经过3年的努力，如今的王惠若已经拥有了10名编织设计师组成的团队，而她的“798艺术”也已经成了一家拥有5家分店的连锁公司，月入数万元。2011年5月初，她还接到了几张来自美国和法国的大订单，对此，王惠若表示在不久的将来要进一步扩大生产规模，全面展开对海外市场的开拓。

从一个乡村姑娘到一位企业主，王惠若实现了人生的大跳跃。对于自己的成功，王惠若总是谦虚地说：“我只是在做自己感兴趣的事情。”确实，兴趣是最好的志向，兴趣能保持最长久的激情，是最大的推动力，在自己最有兴趣的方向选择去开创自己的事业，是一种最朴实的智慧。

大智在葫芦

历史上最受皇帝器重的莫过于一个叫卫绾的人。汉文帝在驾崩前，没有担心他的皇子皇孙，反而对皇储留下这样的嘱咐："绾长者，善遇之。"这里的绾长者就是卫绾。卫绾是何等人物，有何德行以至于皇帝临终还对他念念不忘，叮嘱继任者要善待他?

卫绾这个人没有多大本事，不过就是会御车。他从汉文帝还是代王的时候就护驾于左右。他除了忠厚谨慎，没有别的才能。可就是凭借他闷闷的忠厚、不苟的严谨，多次立功受奖，并升职为中郎将。

汉景帝还是太子的时候，有一天他招来皇帝身边的人聚会饮酒，而卫绾却称病没有参加。汉景帝即位之后，卫绾依然任中郎将，为汉景帝的出入准备车马，警骅相从。

这时，新皇帝翻起了旧账本。一天，汉景帝问卫绾："我做太子的时候，曾召你饮酒，你却称病拒绝，这是为什么?"卫绾立刻跪地请罪，说：“臣罪该万死，当时确实生病。”

卫绾不改其敦厚的本色，没有多少辩解，也没有多少阿谀。汉景帝见他确实是忠谨之人，回到朝中就赏赐给他一把宝剑。卫绾却说：“先帝已经赐予我六把宝剑了，不敢再奉诏受领了。”

汉景帝有些惊讶。因为宝剑在当时可用于交换流通，一般不会只珍藏而不使用的。汉景帝有些“鬼”，他让卫绾把那六把宝剑拿来让他鉴赏一番，其实是看他到底说谎了没有。果然，卫绾拿过来的六把宝剑还在鞘中，完整如新。皇帝赏赐的宝剑更是不可多得的宝货，价值连城，而卫绾竟然保留到现在，说明他没有什么专营的私心，的确难能可贵。汉景帝这时开始明白先帝叮嘱重用卫绾的缘故。

吴、楚七国之乱时，卫绾被任为将军，后来还升为丞相。卫绾虽为丞相，但并没有什么提议，只做些上传下达之类的事情，朝中大事往往不加详察。汉景帝认为他敦厚，可以辅佐将来即位的少主，对他愈加尊宠，给他的赏赐非常多，远远超过其他臣僚。

汉景帝时还有一个谨慎之人，名叫周仁。周仁凭借医术得以出任太子舍人，慢慢升为太中大夫、郎中令。周仁为人谨慎持重，守口如瓶，从来不会泄露秘密。为了让皇宫内的嫔妃们远离他以避嫌，他经常穿着打补丁的旧衣服和尿裤，故意让容貌衣装又脏又乱。因此，这个脏兮兮的周仁极得皇帝信任，连汉景帝进入寝宫，暗地里和妃子们嬉戏玩闹时，他也服侍在左右。这样的信任可不是一般人能得到的。周仁其实除了会医术外，在政治上毫无建树，可汉景帝一直任用他直到驾崩。周仁甚至敦厚到即使有机会天天在帝王面前说有利于自己的话，他也只字不提。汉景帝常常向周仁询问朝中其他人的情况，周仁连自己的好话都不说，当然也不会说别人的坏话了。他的回答总是让皇上自己去考察。他说得越少，皇帝就越觉得他说的话越有分量，越可信。

汉武帝登基后，非常尊重这位前朝老臣。汉景帝驾崩，周仁趁机称病辞职，带着两千石的俸禄回家养老了，他的结局也算完满。

常言道：伴君如伴虎。纵观古今，那些得势之人，有多少不是忘乎所以、得陇望蜀，最后落得可悲的下场？皇帝翻脸如翻书，是最不好侍候的。卫绾和周仁都属于闷葫芦之人，很多人猜不透他们那看似憨厚的脑袋里装的是什么。他们看似敦厚，其实是有大境界和大智慧。正因为他们懂得低调才是最可宝贵的，同时不贪财货，因此他们就没有危败之虞，甚至赢得了更大利益。

笨人的成功

清代乾隆、嘉庆年间，山西太原出了个著名的学问大家，他的名字叫阎百诗。

然而，这样一个彪炳史册的天才，小时候却是个笨得出奇的孩子。课堂内，先生教的文章聪明的孩子早就会背了，一般的也朗朗上口高声诵读了，而他还念不成句呢！得念到上百遍才能连贯地读下来。先生心里清楚得很，这样的资质念到老也是白搭，因此也就不怎么管他。雪上加霜的是，他身体还不好，简直就是个病秧子，动不动就请假了。他的母亲心疼他，害怕他累坏了，就不让他读书。他知道母亲的心情，更不想让母亲着急，果真就不再读书。母亲看他很听话，就不再注意他。哪知他嘴上虽然没读，心里却没闲着，默默地读、暗暗地记。一遍又一遍，一篇又一篇，一本又一本，他就这样读了十年。这十年的工夫可没白下，因为他是用“心”读的，他是将书读到心里去了，这岂是用嘴读书所能比的？突然有一天，他就仿佛有一种天地洞开，豁然开朗，大彻大悟的感觉，回过头来再看过去曾经怎么也搞不懂的问题，竟然简单得不值一提了。这样的奇迹谁会相信啊？而更大的奇迹还在后边。

二十岁那年，他开始全身心地扑到对《尚书》的研究上来。因为那时的《尚书》没有一种权威的版本，各说各话，真伪难辨，后人常常无所适从。其实这种混乱从汉代就已经存在了。称伏生所传的二十八篇为“今文尚书”，孔安国所传的十六篇为“古文尚书”，只是这部十六篇的孔氏之作，于魏晋之间就不知流落到哪里了，所以它的真面目究竟啥样后人无从知晓。可是忽然有一天，一个叫梅颐的东晋学者却赫然拿出一部所谓的“古文尚书”来，并且也不是大家所了解的十六篇，而是比“今文尚书”还多二十五篇，且有孔安国全部作注。自此以后，梅颐的“古文尚书”就成了权威的版本，一直用了一千多年，凡是治《尚书》者，都以此为依据。可是阎百诗觉得这个版本疑问很大，以讹传讹，贻害无穷。他发誓要将真正的《尚书》甄别出来。他的办法就是下笨功夫，绝不走哪怕是一点点捷径，就像他过去在心里默默念书那样。这一猛子扎下去就是四十多年，牢牢抓住这个《尚书》不放松，终于衰年之际完成了震古烁今的皇皇巨著《古文尚书疏证》，以大量强有力的材料，无可辩驳地证明了那多出的二十五篇和孔氏所注都是东晋人的伪作，是不值得奉为圭臬的假货。这对于后世学子来说，真是做了一件功德无量的大好事。他的这部书问世后，犹如石破天惊，顿时使学界失去了平静，因为阎著的出现，从根本上动摇了好多人已经习惯了的东西，包括利益。很快就有毛西河的《古文尚书冤词》出来与他的《古文尚书疏证》摆擂，全面质疑和否定阎的结论。这场争论波及面广，涉及人多，影响也大，最后的结果是阎胜毛败。《四库提要》是这样定评阎百诗的《古文尚书疏证》的："有据之言，先立于不败之地也。"阎氏著作的权威性和正确性得到了官方的认可和肯定。这部用一生心血写就的巨著犹如大海中的礁石，巍然矗立于历史的风浪中，永远闪耀着人文精神那不灭的光辉。

有志者，事竟成。只要紧紧盯住自己的目标，心无旁骛，生死与之，做下去，做下去，一直做到最后，哪怕一个再笨的人，也有可能成为大师！

改变牛的思维

有这样一个故事：一农户调教耕牛初学种地，为防止牛不守规矩，于是，儿子在后面负责稳犁，老父亲在前面负责牵着牛绳，这样一前一后，把牛控制在中间。为了提醒父亲不开小差，儿子每吆喝一声：“爹，走！”父亲便朝前走，牛也听话地跟着往前走。

过了些时日，他们想，牛虽不能言语，但却是聪明能干的动物，经过数日调教，应该学会独立工作了。这天，儿子照样给牛套上套绳，试着让它独立完成任务。没想到，任由儿子怒吼暴打，牛硬是愣在原地纹丝不动，儿子没招了，情急之下大喝一声：“爹，走哇！”牛却毫不迟疑，乖巧地往前走了。

原来，牛并不笨，在它头脑中早已形成了思维定式：把一声“爹，走！”当成了工作指令。如果要让牛改变思维定式，重新听令，谈何容易！

这个故事告诉我们：要求别人做一件事，如果方法不当，会给被动方造成误解，效果大打折扣。有时候，别人可能已经很优秀了，只是你的检测方式和最初的要求方式发生了改变，学习者一时还不能适应，尚无法走出固有的思维定式。因此，不能一味指责别人学无所成。

在日常生活或工作中又何尝不是这样呢？比如：上课铃声响了，老师走进教室说：“上课。”学生便齐身起立，向老师问好。而有一天，当老师刚走进教室，突然改用手势了，学生却面面相觑，稳坐不动，你能怪学生无礼吗？

运动场上也是一样，运动员只听发令枪响，便开始起跑，可在关键时刻却换成了广播：“开始……跑。”结果可想而知。你能判定最后到达终点的运动员实力最差吗？

职场上更是如此，某公司招聘人才时，试图考察应聘者的思维变换能力。招聘启事上特别注明：面试时采取随机问答的方式，可在面试现场，却要考考应聘者的实践操作能力，由于应聘者没有思想准备，结果不尽理想。一位落聘者被另一家同类公司选用，他的新型规划投入市场，为该公司赢得了更多声誉。事实证明，他成功了，害得先前那家公司后悔不已。

所以，我们在对别人提出要求之前，先要想想，选取一个最恰当的方式，又以同样的方式去检验，在同类中择优效果才会更好。

给对手一个机会

1910年，爱迪生发明了有声电影之后，电影很快在风靡全世界。1914年，美国人布拉斯基先后两次到港投资摄制影片，在香港引起了轰动。

当时，一个叫梁少坡的年轻人，敏锐地感觉到了电影蕴涵着的巨大商机。他觉得电影必将取代戏剧成为新的大众娱乐方式。梁少坡积极参与布拉斯基的电影制作，很快就掌握了电影的拍摄技巧与常规流程。拉下来，他想寻找一个投资方，成立中国首个电影制作公司。

梁少坡首先找到的自己的好朋友邵仁枚。梁少坡激情洋溢地向邵仁枚描绘了电影的美好前景，并强调“先发制人，后发制于人”，请邵仁枚务必要抓住这个机会，尽早投入电影业。邵仁枚慎重考虑了三天后，委婉地拒绝了梁少坡。

梁少坡很是不解，一向以极具商业眼光著称的邵氏家族为什么对电影这一朝阳产业不感兴趣呢？沮丧之余，梁少坡找到了香港当时另一个旺族——黎氏家族的黎北海、黎民伟兄弟。黎氏兄弟与梁少坡相见恨晚一拍即合。1922年，中国第一个电影公司——民新影画片有限公司轰轰烈烈地开张了。

开张后，黎氏兄弟才感觉到投资电影不易。首先是电影器材十分昂贵，包括摄影机、印片机、接片机、洁片机、摄卡通机、水银灯、炭精灯、发电机、布景板等，从法国百代公司整整购买了近一船的器材。单是化妆品就花了数千元，至于水银灯，则花了五万多元。其次是没有专业演员，连业余的女演员也几乎招聘不到，因为当时香港社会风气保守，市民反应冷淡。又经朋友介绍，他以港币450元月薪，包来往船费和膳宿的高额报酬，聘请了一位德国摄影师……还没进行拍摄阶段，民新影画片有限公司的资金就已经陷入困境。

要承认，黎氏兄弟是很有商业头脑的。关键时候，他们在1922年12月13日的香港《华字日报》上刊登了一则招股公告，面向社会集资，把民新公司组建成股份制公司。靠着黎氏家族的影响力，公司很快筹集了足够的资金。

1925年2月23日，民新公司投资拍摄的中国首部故事片《情场法网》（又名《胭脂》），在香港新世界戏院公映，受到香港观念热烈欢迎，场场爆满。大家纷纷向黎氏兄弟表示祝贺。

可是黎氏兄弟却怎么也高兴不起来。因为，票房收入远远抵不上影片投入。仅仅两个月后，1925年5月4日，民新影画片制造有限公司黯然解散。近百位投资人血本无归。

此后，香港又陆续成立了几家电影制作公司，但都惨淡经营。

直到一九三零年，邵仁枚才涉足电影业，他与六弟邵逸夫成立邵氏兄弟影视有限公司，一炮打响，迅速走红，成了中国电影业的当仁不让的龙头老大，由邵逸夫捐资建造的“逸夫教学楼”也遍布中国的大江南北。

如果邵氏兄弟在1922年就投入电影业，那么我要说，他们的下场一定会和黎氏兄弟一样。这不是“能力”的问题，而是“时机”的问题。商业眼光不仅意味着选对项目，更意味着瞅准时机。面对一个尚不成熟的市场，第一个吃螃蟹的人，一定会死得很惨。因为，高回报，也就意味着高投入，甚至会是长时间的高投入。如果你的资金不是绝对的充裕，而且面对的是一个尚不成熟的市场，那么，请把机会让给你的对手。等你的对手把路探明了，你再进入，就事半功倍了。

攀登的心

2000年12月的一天，日本东京国立中学的一间教室内，正在进行年度的作文测试，一个矮瘦的男生此时正紧张地在抽屉里搜索着一本作文书。他身体多病，最讨厌的课程便是作文，最喜爱的事情是户外运动，攀登珠峰是他最大的梦想。

作文老师神不知鬼不觉地出现在他的面前，使他的梦想暂时停歇，当老师的手触及他的手时，他感觉有一种一脚蹬空的失落感，在失去依赖的情况下，他不得不借助于自己的空想完成今天的考试。

他凭空设想了自己的将来：自己可以在云朵上翩翩起舞，原来云朵上也是一片平坦，在地面上能做的事情，在云朵上也可以完成，你可以唱歌，可以种一片庄稼，更可以与小伙伴们一块儿玩耍，只是你需要注意云朵的间隙，那是整块云最薄弱的部分，一不小心，你就会从云朵的缝隙里掉下来。

这篇作文被老师当作范文在课堂上朗诵，老师的点评是：文采并不出众，但想象力丰富，只是缺乏可以实现的基础。

同学们嘲笑他的空想，说云朵是虚幻的，怎么可能上去？他下课时，带着疑惑找到作文老师，问他这样的梦想是否可以实现？

作文老师被这个小家伙的执著感染了，他低下身去抚摸着他的头，说道：科幻是不可能实现的，迄今为止，还没有人能够在云朵上跳舞。

这个叫栗城史多的小个子听完后，一阵沮丧，他每天傍晚时分，便站在村口的山坡上，看着天上的朵朵白云思索，自己好想长一对像雄鹰一样的翅膀，飞越苍穹，跨越云朵。

18岁那年，他开始攀登日本的富士山。成功后，他不知足，觉得应该挑战更高的山峰，他的目标瞄准了珠穆朗玛峰。

但看过医生后，他却被通知不得不放弃这样的极限运动。医生告诉他：他的握力、脚力、肺活量及肌肉发达程度等都低于成年男子的平均水平。先天性的不足使他差点放弃自己的梦想。

但他是个不服输的家伙，他认为自己有登顶富士山的经验，况且自己的心理状态极为优秀自信；如果不成功，也可以积累登山方面的经验。即使真的失败，结果也不过是永远依偎在高山的怀抱。

在攀登珠峰前，他先做了热身，他在经历了生死考验后，成功地登上世界第七高峰道拉吉里峰。

2008年，他第一次登珠峰失败，他的身体出现短暂性的休克，且视力模糊，严重的缺氧反应险些让他丧命。第二次，他总结了经验，在自己身体状态最好的时候出发，但事与愿违，珠峰发生了严重的雪崩，当一位遇难者的遗体出现在他的面前时，苦难、死亡的考验像雪花般袭来，由于心理接近崩溃，他退缩下来。

2011年11月，在经历了两次失败后，他成功登顶珠峰。在日记中他这样写道：看到无数的云朵在自己的脚下游荡时，我感到自己胜利了，小时候的梦想实现了，原来，比云高的，还有山。

云时常用一种高傲的姿态面对着世间万物，让你无法企及，折戟沉沙，让你儿时的梦想休克，因而裹足不前。既然我们无法在云朵上飞舞，我们何不更换思想，高人一头，超越云的身躯。

比云高的还有山，当你有一天登上伟大的巅峰时，你会发现，云不过以虚幻的面貌在你的脚下徘徊、游荡。

比路更长的，还有脚；比云更高的，还有山。

人生不需要设计

陈明18岁那年在洛阳拖拉机厂当锻造女工。陈明瞪着即将成型的曲轴，突然站起来，去交了一份辞职报告。她决定要南下深圳去当歌手。这个决定令很多人吃惊：她只有中专文凭，没受过专业音乐训练，而且，长得也不够漂亮。最糟糕的是，那还是1989年，一旦辞职就没法儿回头。

在深圳，只唱粤语歌。陈明会的粤语歌只有一首《上海滩》。她一上场，不顾三七二十一开口就唱，压根儿不管人家乐队弹到哪儿了。不久，歌厅老板辞退了她。

没办法，她从深圳带回几十盘粤语歌曲磁带，躲在同学家狂练。练了几个月，她收拾收拾又去了深圳。

“你们这儿需要歌手吗？我是歌手，我想来这唱歌。”在几个月里，这是陈明重复最多的话。“试试吧。”歌厅老板一般这么回答。一个晚上，三天或者一个星期，然后老板说：“明天你不用来了。”为此，她哭过，但从没想着放弃。

就这么失败着，终于有家歌厅收下了陈明。再次接触乐队，她虚心地向各位成员请教。陈明觉得自己不懂不会的东西太多。她既然这么虚心，大家也就尽量帮忙，出了错多担待着，陈明那时候没想过要给自己设计一条明星之路。她只希望老板别开除她，要是能多跑几个场子，那就简直完美了。

陈明学得很用功，进步很快。1992年陈明拿到广东省歌舞厅歌手大奖赛冠军，她签了广州中唱唱片公司。在当时，一起唱歌的朋友觉得这个选择不仅不明智，简直就是犯傻。陈明已经在歌厅里唱出了名气，一场最多能收入300元。这样再干两年，可以攒点钱做个小生意，过上稳定的生活。新歌手进公司第一年几乎赚不到什么钱，而如果唱片卖不好，第二年公司就不会续签。等那时你再想回过头唱歌厅，早就人走茶凉，没你的地儿了。

但陈明还是签了。她想，能拥有一张自己的唱片，那是一件多棒的事情啊！

陈明有了自己的第一张唱片，她在广播里听到自己的声音了。可惜的是，这张叫做《相信你总会被我感动》的唱片没能感动歌迷，卖得不好，陈明也没能红起来。

就在这段时间里，陈明的父亲去世了。陈明赶到家时，父亲已经永远闭上了眼睛。家里忽然空了，父亲坐过的藤椅，睡过的床都好好地放着，可是家里空了。父亲住院陈明曾经回来过一次，父亲把她的照片放在枕头底下，那是她获奖时的照片。父亲说，你走吧，去好好唱歌，我没事的。

唱片公司答应再帮她出一张唱片，这是最后的机会。她的第二张唱片叫《寂寞让我如此美丽》，火了。由此，陈明的歌唱事业翻开了新的一页。《枕着你的名字入眠》《为你》《天使飞进我梦里》《仙乐飘飘》《为了爱》《快乐老家》……以后所出的每一张专辑都卖得很好。陈明成了中国乐坛大姐大级的人物。

如今的陈明，已年过四十，过着属于自己的简单但幸福的居家生活，她依旧喜欢唱歌，歌声更具有岁月的沉淀，穿透生活的沧桑与喜悦。比如新近专辑《时光曼妙》，记录了她生活中的点滴，记录她这些年的感触，在唱片里她唱着自己，唱着感悟，唱着女儿，自我却真诚。

“人生不需要太多的设计，你无法预料下一刻。”陈明说，她从没有给自己的人生做太多的规划和设计，但是每走一步，都要用心去完成，一点儿都不含糊，勤奋，努力，听从内心的声音。像坐过山车，回头一看，身后种种已经灯火阑珊。

成功的关键所在

你也许不会相信，日本著名搬家公司“阿托搬家服务中心”的创始人夺田千代的成功竟然源于一张旧报纸。

有一次，夺田千代乘火车从大阪去北海道看望朋友。上火车前，她在车站买了一份用报纸包着的鱼子寿司。火车启动后，吃完寿司的夺田千代正要扔掉那张旧报纸。无意中，她的眼睛在报纸上匆匆扫了一眼，一个不起眼的新闻引起了她的注意：日本国内居民每年用来搬家的总费用大约在400亿日元左右，其中大阪市就有150亿日元，这是一笔惊人的开支。凭着女人的直觉，夺田千代意识到：随着现代人口流动性的与日俱增，帮人搬家这个很不起眼的行业，在未来的发展潜力将不可限量。而且目前日本还没有一家很专业的搬家公司，如果自己朝这方面发展，一定会大有赚头。于是，她果断地拿出所有的积蓄成立了一家专业的搬家公司。

一开始，夺田千代的搬家公司名气很小，很多人并不知道有这么一家企业。夺田千代意识到，要想把成千上万的散户吸引过来，必须提升公司的影响力。一般来说，做广告是最快捷的途径，但公司刚成立不久，广告费用又太高，她还不具备这样的经济实力。

聪明的夺田千代另辟蹊径。注意研究客户心理的她敏锐地洞察到顾客们在通过电话联系搬运公司的时候，面对电话簿上那些密密麻麻的公司名称，他们往往选择排在最前面的公司，而电信部门又是按照拼音排列公司顺序的。按照这个规律，她就给自己的公司取名为“阿托搬家服务中心”，如此一来，“阿托搬家服务中心”在电话簿上排在最前面，查找时很容易发现。与此同时，夺田千代为公司选择了一个醒目易记的“123”作为服务号码。这样一来，打电话提前预约搬家服务的客户越来越多。

另外，针对日本城市高层住宅多的特点，夺田千代又定制了搬家专用吊车。高层公寓的居民搬家时，只需用吊车把集装箱送至顾客家的窗前，就能进行操作，这种新颖快捷的搬家方式很受顾客欢迎。此外，在搬家的同时，“阿托搬家服务中心”还向顾客提供了与搬家有关的各种配套服务，如消毒、灭虫、清扫卫生、改换电话号码以及子女转学等。夺田千代就是从这些最细微的地方入手，想顾客之所想，最终以其优质的服务和富有创意的经营理念，在日本众多的搬家公司中脱颖而出，并迅速发展壮大，成为在全日本近40个城市拥有分公司和联营公司的大型企业，美国和东南亚一些国家还争相购买她的搬家技术专利。

最初帮助夺田千代打开成功之门的，就是旧报纸上那一条不起眼的信息。是的，在这个世界上，被苹果砸中的人也许有千千万万，而最后发现万有引力定律的，却只有牛顿。其实，机遇对于我们每一个人都是公平的，成败的关键就在于你是否能够在机遇出现的瞬间紧紧地将它抓在手中。

用心经营自己

每个人都怀有自己的梦想，每个人都渴望攀上成功的峰巅，但人生成功的秘诀是什么呢？无数事实证明：如果你善于发挥自己的优势，善于经营自己的长处，你就找到了一把打开成功之门的金钥匙。

人生在世，谁都不希望自己庸碌无为，谁都不希望自己平平庸庸默默无闻。是大雁就想翱翔蓝天，是骏马就想驰骋草原，都盼望自己长成一棵参天大树，成为社会的有用之材。那么，从今天起你需要做的就是专心致志地经营自己。

经营自己，就要拥有一双慧眼，认识自己，发现自己的优点，从而扬长避短迈向成功之途。古代的管仲，经商赔本、打仗败北，但是他一心经营自己的治国之术，辅佐齐桓公对外“尊王攘夷”，对内改革国政，治国安邦。终于成就了春秋霸业。刘邦，原沛县小吏，文不能治国，武不能安邦，但他有一个特长，很会知人善任。用张良运筹帷幄之中决胜千里之外，用韩信攻必克战必胜，逼得力拔山兮气盖世的项羽四面楚歌，经过四年的艰苦经营，他终于坐上了成功的宝座。诸葛孔明起于陇中，冲锋陷阵不及张飞，攻城略地比不上关公，但是他的辩才和韬略却无人能及，舌战群儒，火烧赤壁，七擒孟获，六出祁山，三分天下建立了不世之功。

经营自己，就要为了自己的梦想不懈地执著地努力，不间断地磨砺自己，修剪自己，塑造自己。古来成大事者，不唯有超世之才，亦必有坚忍不拔之志。不说那些先贤是怎样头悬梁锥刺股目不窥园地苦心经营，就是在我们社会变化日新月异的今天，也必须先经受风吹雨打，才能看到胜利的彩虹。如果幻想凭借自己聪明的天赋，就可以轻而易举坐享成功，那肯定是天真幼稚的痴人说梦。方仲永不就是一个令人叹惋的教训吗？

坐得十年板凳冷，一朝成名天下知。台湾散文家林清玄，少时有文学天赋，为了自己的文学之梦，他用心经营不懈地努力，十年寒窗考上大学，毕业后当上记者，办报纸编杂志写文章，平均每年都要出几本书，一本卖几百万册，后来去了埃及，终于看到了“梦想中的金字塔”。记得有一篇文章叫做“等待花开”，说的是英国少年艾金森，长得憨头憨脑，行为举止笨拙而幼稚，是同学们戏弄的对象，老师们也不愿意给他上课。但是，就像俗话说的“尺有所短，寸有所长”，这正好成了他的与众不同的优势，他饰演憨豆先生一炮打响，从此他凭着“有一点笨拙、有一点幼稚、有一点单向思维”的精彩演绎，创造了一种英国式的无厘头。他的幽默内敛、充满平常惊奇和对生活情趣的触觉，已冲破语言障碍，有望成为卓别林之后的幽默大师。这就是他别样的成功。

唐国强曾经坦言，说自己演不了“贫嘴张大民”，演不了鲁智深。但是，他特善于经营自己的长项，从《三国演义》到《雍正王朝》，再到《长征》，唐国强一路走来，在观众心目中的分量也越来越重，凭借在《长征》中的出色表演，他得到了“美菱杯”观众最喜爱的中央电视台黄金时间电视剧演员金奖，他的演艺事业又达到了一个新的高峰。

所以说，避开短处，发扬优点，用心经营，这才是走向成功的硬道理。

雁排长空，驼走大漠。是树，就欣欣以向荣；是草，就萋萋以摇绿。你，只有经营自己的长处，才能在世界上创造出不朽的风景。你想摘取成功的硕果吗？你想走向成功之路吗？那么，从现在开始，你就要发掘自身才能的最佳生长点，学会经营自己，脚踏实地朝着人生的最高目标迈进。

自信的力量

1960年，美国总统大选的时候，两个竞争对手肯尼迪和尼克松进行了一场轰动世界的电视辩论。辩论开始之前，很多观察家都认为形势对于肯尼迪不利。因为他年轻，名望不高，还是个天主教徒，说话还带有很难听懂的沙哑浓重的波士顿口音。

可是，当辩论开始之后，在电视屏幕上，人们看到的却是一个心平气和，诚实自信，谈吐文雅，说话很快但神情又十分轻松的人。相反，坐在他一旁的尼克松，看上去却神情紧张而局促，满脸风霜，眼圈乌黑，显得很不自信。

这一次辩论会之后，舆论调查证实，尼克松缺乏足够的自信而民望大幅滑坡；而年轻的肯尼迪因为乐观自信，风度翩翩，支持率大幅攀升。自此以后，肯尼迪顺风顺水，最终战胜了尼克松，当选美国总统。

肯尼迪成功的秘诀，就是因为他在电视辩论会上成功地让观众相信：他的年轻、自信和乐观，他的生机勃勃的青春朝气，正是带领美国走出低谷的最好的领袖气质；而他那些弱点不过是些鸡毛蒜皮的小事。事实上正是这样，在电视上，他的成熟又富有活力的外在形象，在大庭广众之下绅士风度般的心平气和，都给人以机智、思维敏捷和精干的印象；加上他英俊的脸庞，潇洒的举止，自信的表情，牢牢地吸引住了观众的目光，赢得了人们的喜爱，他的那些小小的瑕疵甚至也变得可爱起来。

心理学家罗西诺夫曾经这样断言：你要战胜的第一个人就是你自己，你对自己越有信心，就越能表现出自信的气度。你必须坚定地相信，你有权利呼吸，有权利占有地球的一个空间，有权利在任何地方自由自在。一个感到自信又自在的人，就会挺直身子，就不会缩头缩脑，就会勇敢地盯住对方的眼睛，使对方坚信你是一个坦荡、智慧、能干、可靠的人。

让自己自信起来的另一个重要的元素是一个人的外在仪表。事实上，在我们的生活中，那些注意修饰，穿着得体的人几乎总能获得别人的好感；而衣衫不整、邋里邋遢的人，总是让人心生厌恶。这说明一个好的仪表，每一天对自己负责任的细心的准备，是多么重要。因为，一个人的仪表会给他人这样的心理暗示：这是一个生活严谨、乐观自信的人。同时，当你整洁优雅地出现在你朋友的客厅的时候，他们会显得分外高兴，因为你优雅的仪表，细致的准备，说明你重视这样的一个聚会，重视朋友的邀请。

生活中的确存在着心存恶意的坏人，但是，当你面对一个陌生的合作伙伴时，你应该把对方看成一个诚实正直的人，一个可以信赖的人，一个忠诚的朋友。这样的人生态度，必然会打消对方的疑虑和戒心，而把你当做一个可以信赖的人，一个可以托付的人。

任何一个人在生活中必然会遇到各种困境，但是，不论什么情况之下，你都应该坚定地相信，你最有资格担任极具挑战性的职务。不要担心犯错误，因为你要相信谁都会犯错误，而你总是会比他人犯错误更少。而且你要坚信，你一定能够从错误中吸取教训，错误会成为今后做事的财富。

如果你对自己有了百分之百的自信，你就真的拥有了一生最珍贵的财富，你面对任何一个人的时候，就必然没有了躲闪恍惚的目光，而是敢于紧紧盯住对方的眼睛，洞察对方的心灵。而这个时候，你就是一个无坚不摧的人了。

第五章

Chapter 05

希望就在拐角

别让出你的优势

我认识一位文艺界的腕儿。

他在场的时候，大家都不敢说话，好像生怕自己的观点不成熟，贻笑大方露了怯。可是，他又是和善之人，通常自己不先发言，觉得先提话题定了调，别人就会不得不跟着走。每次和他的交流，就像打太极，推来推去就没下文了。有时他让人谈谈体会感受，对方也是客套得很，只在外围说事儿，一到发表意见的时候，就打住了。

所以，有他在的场合，基本冷场。

我认识一位教授，总是喜欢先发言。

几天前来北京开会，组织了一场小聚。哪里是吃饭，简直是又一场班级研讨会。她先发言，承前启后，继往开来，从入学时的细枝末节讲到如今的行业境遇。我们如同小学生，拿着筷子盯着她，点头称是。偶尔的时候，放下筷子附和。读书的时候就是如此，她总是滔滔不绝，从来没有一点话语停歇。你的思路，从来都是跟着她走。

所以，有她在的场合，大家已经懒得动脑。

还有我的爸爸。他既不是不发言的那类，也不是先发言的那类，而是第三种情况——无论他何时开口，都是这件事的定论。一件事情，大家争执不下，或者有存疑，他一开口，这件事基本就完了，完全没有商量的余地，因为肯定是他说了算。

说起来很有意思。定好第二天出去玩，爸爸会安排好在哪儿吃早饭，几时出发，路线如何，都安排哪些项目，玩到几点比较合适。就像学校里的日程表，一节课结束，铃声响起，接着上第二节；第二节结束中场休息，然后第三节、第四节，一直到放学，各自回家。就算你有一百个不乐意，到了第二天，肯定得照此执行。你觉得玩本是件轻松的事，不需要像上学一样不迟到。不行，老爸就是老师，你根本没有说“不”的余地。

所以，有他在的场合，从来都是一边倒。

这就是我身边的三类“优势个人”，以及他们在场时的三种状态——冷场、依附心理、一边倒。

说他们“优势”，是因为在某个群体中，他们总是有意无意成了一种隐形的压力。只要他们在场，别人通常会迫于某种形势，改变自己的行为模式，以顺应他为第一要义。他不发言，每个人都不愿轻易表达自己的观点，他不表态，每个人都不敢轻易亮出自己的底牌。事情本身的自然状态可能并非如此，但因为他们的存在，大家都变得面目全非，准确地说，是面目模糊。

比如，每当那位腕儿出现时，我们就算刚才还在侃侃而谈，下一刻一定毕恭毕敬；每当那位教授在场时，我们就算很有想法，也会变得依附于她，认为她说得没错；每当我的爸爸一开口，家人会立刻停止讨论，一下倒向他那边……

同事要退休，送给我们每人一幅摄影作品，偏偏老大没有。老大假装拍了桌子，同事谨小慎微：“您要吗？大师？”在同事眼里，老大可不就是大师。她给我们看“每周一展”，本来在兴头上，老大一来，立刻变成小学生；本来对一张照片特有信心，老大往旁边一站，底气立刻减了三分；退休送我们留念，用老大的话说，扫地的，看门的都有，自己却被故意落下了。同事是不想送吗？不，用她自己的话说，“是不敢送”！

是的，我们都难免迷信权威，尤其对于那些有威信、地位、权力、资历的人，我们总是先把自己放低了，然后去仰视。殊不知，正是“放低”这种心态，让对方显得无比“优越”，或者正是对方无意中的“优越”、“强势”，逼得你不得不把自己“放低”。

无论何为因、何为果，其实都是一种非正常状态。

我知道，那位腕儿自己也有点苦恼，他很想与年轻人打成一片，不顾及什么权力地位；我还知道，那位侃侃而谈的教授，如今的水平已经不再让人仰望，大家也愿意说说自己的观点；我也知道，我的爸爸，他其实很孤单，即使我们都听他的，但是，从来不向他暴露自己的真实想法……

印象中有一次参加培训，与一位女士同组。

她说，自己总是很自卑，从小就有权威恐惧，自己的父辈，都是挂在墙上看的。她是如此平和的一个人，说话像聊天，你发言时，她就特别认真，有不同观点，娓娓道来。我们那个小组异常活跃，大家都调动了自己最积极的一面。一直到活动快结束的时候，我们才知道，她是业内一位响当当的人物。

每个人都有点儿汗颜，为自己那些粗浅幼稚的言论，以及过于随意的谈话方式。如果之前知道有这么一位优势人物在场，大家肯定都会有所控制，把观点整合清楚了再发言，或者来个优先秩序，多给优势人物让道。

因为被别人笼罩过，所以，知道隐藏自己的光环。或许，每个人都可以回到事件最原始的状态中来。把身边的你我他，都看做脱了社会外衣、没有身份和光环的人。

内心优势是一个此消彼长的东西。当你给出去时，别人就会拥有得多一点；当你收回来时，自己也会变得更加从容。

不妨给对手以微笑

1979年，美国西雅图的贝尔维尤市，一个刚成立4年的软件公司的会议室内，两个年轻的合伙人正在激烈地争吵，争吵的焦点就是公司是否立即上马MSX家庭计算机标准，以借机充分进入PC计算机市场。

其中一个老板比尔的理由很充分，公司虽然刚成立4年，但业绩斐然，公司凭借技术优势成为少数几个BASIC解码器生产商，而且销售火爆，逐渐成为公认的市场标准，这难道不是公司进军新领域的最佳时机吗？

而另外一个老板保罗则持反对意见，他振振有词地说道："虽说我们成长很快，但我们毕竟是小公司，论财力、人力、市场掌控力，和最大的竞争对手IBM相比，只能说是以卵击石，搞不好就会元气大伤。"

可是，比尔被眼前的光明前景蒙住了眼睛，他已经刹不住车了。在他的极力坚持下，公司还是通过了他的建议，上马MSX家庭计算机标准。但事与愿违的是，比尔对市场的估计过于乐观，几个回合下来，软件公司就被击退了，MSX计划成为搁浅在沙滩上的航船动弹不得。

无奈之下，比尔只好采取缩减成本的办法应对危机，他首先想到了裁掉几个销售人员。他把销售主管曼奇顿叫到了办公室，宣布了裁员计划，并让曼奇顿提交一份裁员名单，以便董事会进行抉择。

可是几天后，曼奇顿再次来到办公室时，并未上交名单，而是款款地坐下来，用询问的口吻说："比尔先生，您愿意听听我的成长故事吗？"比尔被曼奇顿弄得一头雾水，但他又想知道曼奇顿葫芦里卖的什么药，就点头示意愿意。

曼奇顿微笑着说："当初我来到公司时，只是一个小小的销售员，很多业务都不熟悉，不过我那时就把销售主管假想成竞争对手，人人都说同行是天敌，但我不这么认为，我知道我的实力不是主管的对手，我就转变策略，和他做朋友，主动接近主管，帮他做一些琐碎的事情，跟着他从点滴小事做起，慢慢地学到一些销售技巧，再加上我个人的一点天资，最终我赢得您的信任，坐上了主管的位置。"

曼奇顿的微笑感染了比尔，他这才想起，这个年轻的主管来公司仅仅一年多，但业绩已经令人赞叹不已了，他的聪明可见一斑。忽地，比尔意识到曼奇顿的用意，他在用自己的奋斗故事来阐述一个道理。最终，经过深思熟虑，比尔决定放弃和大山一样的对手IBM进行竞争，期盼有一天能成为IBM的合作伙伴。

机会来了，1980年IBM公司选中比尔的软件公司为其新PC机编写关键的操作系统软件。可当这个机会降临时，比尔还仿佛沉浸在梦中。由于时间紧迫，程序复杂，比尔以5万美元的价格从西雅图的一位程序编制者帕特森手中买下了一个操作系统QDOS的使用权，在进行部分改写后提供给IBM，并将其命名为Microsoft DOS（磁盘操作系统）。正是借助IBM的超强实力，使MS-DOS取得了巨大的成功。

1983年，这个小软件公司与IBM签订合同，为其PC机提供BASIC解译器以及操作系统。没想到，1984年软件公司的销售额就超过1亿美元，并开始涉猎其他领域。其后，随着软件公司的日益壮大，它与IBM已在许多方面成为竞争对手。最终，在1991年双方解除了合作关系，小软件公司得到蓬勃发展。

这个当年的小软件公司就是如今享誉全球的微软，实力早已远远超过了IBM。

其实，无论商战还是生活中，我们对待竞争对手往往是冷若冰霜、针锋相对。当我们的实力不够成为竞争对手时，不妨给对手一个微笑，以退为进，寻求合作的机会，以借机壮大自己的实力，这或许是一种大策略。

摒弃自己的失误

一位棋道高手退下来后被聘请为教练，他培训年轻选手的方式十分特别。

他不教年轻棋手们怎样去进攻别人，也不教年轻选手们如何运用谋略，他和徒弟们天天对弈，决出输赢后，让他们记住自己对弈时的每一步，然后，让棋手们仔细推敲他们自己的每一步落子，找出自己的失误，这就是他布置给那些年轻棋手们的作业。找出自己失误多的，他就表扬；找出自己失误少的，他就十分严厉地予以批评。

这样教的时间长了，那些年轻棋手们纷纷有了意见，大家都说他的教棋方式太单调，既不能旁征博引讲出令人信服的理论，也没有实战的经验和技巧，虽说他过去是个棋道高手，但他不适宜当教练。同行的几位教练也对他十分不解，怎么能如此教棋呢，不传谋略，不传技巧，只让棋手自察失误，如此怎么能培训出一流的棋手呢?

面对年轻棋手们的不满和同行教练们的不解，他依旧我行我素，还是认真地让棋手们个个体察自己对弈时的失误。有时，他只是给他们一个简单的提醒，更大的失误，都让年轻棋手们自己去自我发现和体察。刚开始时，每局对弈下来，每个棋手都能找出自己的诸多失误，甚至许多人都觉得自己简直是个臭棋篓子。但天长地久，那些棋手们的失误越来越少了，有的甚至一局对决下来竟没有一次失误。这个时候，选手们开始向他要求说："给我们传点理论和技艺吧，对弈，毕竟是要取胜于别人，不是自己和自己决胜负，没有谋略和技巧怎么行呢？"

他冷冷一笑说："棋道，没有什么技巧，也没有什么谋略，一个对弈高手，最大的技巧就是轻而易举能够发现自己的破绽，最高的谋略就是能够避免自己的失误！"后来，他培训的选手参加对弈大赛，和许多顶尖的棋手对决，很多高手都纷纷被他们一一击败。那些高手们惊讶不已，个个摇着头叹息说："这些年轻选手们太厉害了，虽说他们没有什么技巧和谋略，但我们却丝毫找不到他们的破绽和失误，他们赢就赢在他们没有失误上。"

获胜之后，那些年轻选手们欣喜若狂地回来向他报喜，他说："一个棋手能否赢得别人，技巧和谋略都无关紧要，最重要的是他要赢得自己，杜绝自己的失误。没有失误，就没有破绽，任何人都对你束手无策了。"

是啊，人生难道不是一场对弈吗？那些善于发现自己不足的人，他们及时克服自己的失误，不给自己的对手留下丝毫破绽，稳扎稳打，步步为营，于是他们获胜了，而那些不能发现自己不足的人，他们的失误造成了一个又一个的破绽，给了对手以一次次进攻他们的机会，于是，在一次次的不慎失误里，他们被对手抓住机会彻底击败了。

自己的失误，往往就是对手击败自己的机遇。许多时候，我们并不是失败于自己的弱小，而仅仅是失败于自己的失误。

拆下自己的监视器

康奈尔大学是一所位于美国纽约州伊萨卡市的私立研究型大学，托马斯·季洛维齐是该大学的心理学教授。他曾经做过这样一组实验。

先看第一个实验。

在实验中，季洛维齐教授要求一名学生穿上印有美国著名歌手、创下了“唱片全球狂售7000万张”骄人纪录的巴瑞·曼尼洛头像的T恤，分别走进几个有4至6名学生正在做实验的实验室，停留片刻以后就离开了。

接下来，季洛维齐教授让这名穿T恤的学生猜测：在实验室做实验的学生中，有多少人会注意到他穿的T恤上印有曼尼洛的头像。穿T恤的学生猜测，大约有46%的学生能看出来。

当得到穿T恤学生的猜测答案以后，季洛维齐教授亲自来到实验室，询问那里的学生：“刚才进来的那人穿的是什么样的T恤？”结果，只有23%的学生回答说：“他穿了印有曼尼洛头像的T恤。”

这就是说，穿T恤的学生，过高地估计了自己被关注的程度，实际上他被关注的程度，仅仅是其猜测的一半。

再看第二个实验。

在实验中，季洛维齐教授要求另一名学生先后穿上印有著名喜剧演员杰瑞·宋飞和伟大黑人活动家马丁·路德·金头像的T恤，然后以相同方式，重复第一个实验的内容。

实验的结果大体相同：能够记住T恤上印有何人头像的学生更少，只占了8%，但穿T恤者猜测自己被关注的程度却高达48%。

季洛维齐教授根据上面的两个实验，作了这样的总结：我们经常觉得别人时刻在关注着自己，于是便会产生一些担心。比如："我穿这套衣裤上班，别人会认为得体吗？"比如："我穿这双鞋与这套衣裤上街，别人会认为搭配吗？"比如："我戴的这条纱巾，别人会喜欢吗？"比如："我买的这款手机，别人会觉得时尚吗？"其实，诸如此类的这些担心都是多余的，都是不必要的。因为，我们一般人不是明星，别人不会像关注明星那样关注我们。这种担心的心理，就相当于我们自觉或不自觉地在自己心中安装了多余的监视器，然后自己将自己监控起来。监控者明明是自己，却误以为是别人。如果我们不在自己心中安装这种多余的监视器，就会减少许多担心和烦恼，增加许多从容与快乐。因此，我们不妨拆掉心中多余的监视器吧。

不要追求没有嫉妒的日子

那一阵子，我的心情坏到极点，实在没有地方宣泄，便拨通电台心灵互动节目的电话。主持人刚一发问，我便稀里哗啦地一通倾诉—

每天，我第一个进办公室，第一件事是拖地板、擦桌子，给办公室所有的热水瓶打满开水，第一杯茶冲给科长，见人后的第一句话是“您好”，当然更是第一个完成工作任务。可还是有人说：大事干不了的人，才干那些小事。

于是，我把此话当做一面旗帜，发誓干几件“大事”。

在一次调研征文中，我执笔撰写了一份调查报告。为了谦虚，我署了单位的名，没想到局里被上级通报嘉奖，局长表扬了我。可我分明“读”到的是一片漠然和不屑。有人绘声绘色地讲起了“动物世界”——尽管刺猬把嘴脸团在肚皮底下，但它还是刺猬，那是刺猬进攻敌人的一种手段。

于是，我把自己严严实实地包裹起来，用沉默化解这些无聊。

那天，我在单位一大堆人的阵阵嬉闹、吹牛、调笑中，一个人蜷缩在办公室一角，精心赶制一份报表。可还是有人说，这家伙城府深不可测，专干别人没干或想不到的事情。

与其被人无端描画，倒不如真露一手，既可堵住那些人的嘴，又可用有声有响的存在去证明自身的价值。于是，一条条引经据典、分析透彻、方法得当、措施有力的工作方案和建议解决了单位件件多年未能突破的难缠事。这下，领导面露喜色。每次开会，领导总让我第一个发言，意为“思路导向”。

周围的人沉默了，可我能感觉出来，这沉默不是赞许和肯定。科长的脸拉长了，当我每天还是把第一杯茶冲到他的面前时，他竟端起来倒进痰盂，自己重新冲上。科长还找到领导另要一间屋办公。这下可好，骄傲、不尊重领导、不团结同志、耍小聪明等桂冠统统落在了我的头上。然而，令人费解的是，这段时间我在事业上反而格外顺，领导委以重任、论文获奖、市上请我作报告、学会邀我参加研讨会，真可谓丰收的季节。

可是，一走进办公室，“丰收”的欣喜便被那关系尴尬的气氛搅和得迷迷蒙蒙，我不禁问自己，是我错了吗？多方请教，没有人能给我分个孰是孰非。想来想去，《古兰经》上那个“山不过来我就过去”的故事打动了我，看来只好改变自己去适应这个我还无法逃避的环境。于是，我开始将认真改为敷衍，将执著改为不恭，学会了打哈哈，学会了玩牌、打游戏。领导让我写个工作报告，我翻出去年的报告，变更了日期交差。

呵，效果真不错，没几天，同事们就和我打成了一片。

但是，恼人的事儿又接踵而来。领导说：你的锐气哪儿去了？

有人发现了新大陆似地说，谁知道那获奖的论文是不是抄来的，要不就是用钱买下的……

刚说到这里，主持人就打断我。他说，不要费尽心机为讨好他人的欢心而动摇自己本没有错的为人处世理念，更不要刻意为了赢得别人廉价的掌声而迷失了自己，但愿你能找到心灵的曙光。

不错，当我们进入一个单位，纷繁复杂的人际关系是我们的必修课。许多时候，我们为了工作、为了责任、也为了自身的价值而忽略了其他感受，尽管我们的初衷不是为了标新立异、显能，但客观上却存在着威胁圈内成员某方面利益的因素。不论出于什么目的，肯定有人会对我们的认可大打折扣。在这种情况下，有三条路摆在我们的面前，一是跳出这个圈子，还有就是被“同化”，再就是“我行我素”。

请不要去苦苦追求没有嫉妒的日子，没有嫉妒的日子你必定落伍于时代的步伐。

倒过来试试

人若形成固定思维，就很难从死胡同里钻出来。

其实，在“山重水复疑无路”的时候，你倒过来想一想、试一试，让思维转过身来，或许会给你带来“又一村”。

1878年7月，美国总统在纽约车站遇刺，身受重伤，急需进行手术。当时正值夏天，温度高达42℃。医生要求将温度降到35℃以下，才能保障手术成功。于是，美国政府把这个艰巨的任务交给了一个叫约克多的工程师。

约克多是一个善于思考的工程师。他曾经在矿山工作过，知道怎样稀释有害气体，降低煤矿巷道内的瓦斯浓度。约克多想，既然空气经过压缩后会释放热量，将压缩后的空气恢复到原来的状态，是不是会吸收热量呢？他立即动手进行试验，结果发现把压缩的空气还原，可以使周围的空气冷却。于是，约克多给总统的病房安装了这样的机器，成功地使室内气温从42℃降到了25℃。

约克多因此成为世界上第一台空调机的发明者。

吸尘器的发明，也有过类似的经历。有一次，多明多举行除尘器除尘表演。除尘器的工作原理就是用风把灰尘吹走。在表演时，很多人被吹得满身是灰，人们乘兴而来，败兴而归。

有个叫哈瑞的人想：能不能换个办法把吹尘改为吸尘呢？哈瑞回到家后，用手帕蒙住自己的嘴使劲吸气，结果灰尘不再到处飞扬，而是被吸附在手帕上。哈瑞便根据这个原理，研制出了吸尘器。

法国有个叫多特的摄影师，特别擅长拍团体照。他与别的摄影师一样，在准备拍照前都是喊“一、二、三”。所不同的是：别的摄影师要求大家先做好准备，喊完三个数后开拍，拍出来的效果却不能让人满意。因为上百人之中，难免有人忍不住眨了眼睛。多特在未拍照前却要求大家先闭上眼睛，待喊过“一、二、三”后再睁开眼睛。他这种“倒过来”的做法，拍出来的照片个个目光炯炯。

逆向思维的创新简单又奇妙。可在生活中许多人想不到，原因就是受习惯思维的束缚，窒息了创造力。解决难题的办法，有时候就像瓶底的水，当你喝不到够不着的时候，只要倒过来就能喝上了。

我们天天在说解放思想，殊不知，束缚我们思想的往往就是那些传统的思想观念和因循守旧的做法。当我们遇到困难一筹莫展，用常规的方法难以解决的时候，不妨让思维转个身——倒过来试试，也许能得到意想不到的结果。

地板和茶几

瑞芬是恢复高考后的第一批大学生。读书时是年级里年龄最小，成绩最好的女生，刚开始工作时又是单位学历最高的。瑞芬毕业后，好几年还在做基层工作，看着同学都已经当主任、当科长了，难免觉得自己屈才。那时她有句经典语录："都是一样的料子，木匠把你做成茶几，你就是上好的红木茶几；木匠把你做成地板，你就只能给茶几垫底。"

瑞芬先后换过4家单位。

第二家单位挺器重她，当年就提拔她当中层干部。瑞芬在那家单位风生水起地做了几年，工作成绩可圈可点，领导也欣赏她。只是瑞芬的直接领导和她年纪相仿，从年龄梯度来看，瑞芬的职务上升空间受限。瑞芬原地踏步等了几年，看同学们纷纷加官晋爵，憋屈感再次袭来，最后决定跳槽。

第三家单位是以人才引进的方式将瑞芬挖过去的，许诺给她的主任位置也很快就兑现了。只是瑞芬发现，这个主任在单位竟然连中层干部都不算，曾在重要岗位担任过中层的她，难免失落。

瑞芬到第四家单位时，已年纪不惑。毕竟经历多了，想通了很多事情，只想安分守己做好自己的分内事，不再去动升职的心思。不过现实却应验了那句话，是金子在哪里都会发光。单位领导很快就发现了她的工作能力，很是重用她。

瑞芬私下对我说，离开第一家单位时，她在心里说“因为你们不重用我，现在唯一的大学生就这样流失了”；离开第二家单位的时候，她心里也在暗想：“你们都说我是个好主管却不能提拔，现在我撂挑子走人了，看你们怎么收摊。”

她等着看人家的好戏，可是结果让她有些失望，离了她原来地球转得和以前一样好。

人人都自以为是上好的料子，最适合做茶几；万一不幸被做成地板，那就是大材小用了。其实对于单位来说，茶几料子和地板料子都不缺，必须有人做茶几，有人做地板。既然你现在已经是地板了，不如安安心心做好铺垫，如果你真有才，终有一天人们会发现，这块地板原来是红木的啊，比那个杂木茶几可值钱多了！真正的大材，不怕小用，就怕原本是杂木却硬要将自己当成上好的红木来看待。

独赢的价值

每年三月份是日本大学毕业季，距离毕业还有一年时间的大三学生们已经为了预定一个职位，而游走于各企业之间了。每当我走进麦当劳或者星巴克的时候，都能看到一些未被录用而长吁短叹的学生。

前几天，我和一个大学同学吃饭。席间，这个负责人事招聘工作的人一本正经地对我说："今年，我们公司面试了1000多名大学生，大部分都没有录用。而想要录用的那几个学生，又都和很多公司达成了就业意向，所以我们还得和其他公司竞争。这些学生可真是'独赢'啊！"

我们用餐的饭店是位于东京银座的一家名为"美登利"的寿司店。现在，有4成左右的日本人在过去的5年里减少了在外用餐的次数，不少餐厅都面临着门可罗雀的窘境，可是唯独"美登利"却每天门庭若市、热闹非凡。近年来"美登利"的规模不断壮大，如今已经开设了29家分店，年营业额高达40亿日元，俨然成了一家"独赢"的寿司店。

说到这儿，我又想起前段时间和我一起去喝酒的那位资深体育记者同事，他也对我说了类似的话：“在体育的世界里，所有的项目都是由最优秀的‘头号运动员’所引领。而这些‘头号运动员’和位居次席的运动员，无论个人实力还是年收入都有非常大的差距。但是位居次席的运动员和位居第三名、第四名、第五名的运动员之间的差距就相对不是那么明显。之所以会有这样的不同，是因为竞技项目具有‘独赢’的倾向。”

要是说起商界中的“独赢”，那就不得不说时下如日中天的“优衣库”了。前些日子，受到经济不景气的影响，日本时尚界已经濒临崩溃，然而已经成为北京三里屯地标的“优衣库”，其年销售额快到1万亿日元。

仔细想想，我所属的出版界好像也有相同的状况。虽然我们经常提起“人气作家TOP10”，但是众所周知，在这数年的时间里，只有推理小说家东野圭吾呈“独赢”的状态。一些知名作家的作品首印大致在5000册，唯独东野圭吾的作品首印可以达到30万册。甚至他的作品销量还曾超过100万册，相当于200位作家的作品销量总和。于是，不少作家都因为作品滞销而放弃了写作，而东野圭吾的约稿计划却已经排到了好几年之后。

“独赢”的人往往会被看作是时代或者社会差距的象征而广受嫉妒。但是，“独赢”的现象也有它独特的价值——让很多人拥有“有朝一日，我也想变成那样”的梦想和目标。在我看来，这就是所谓的“成功之人必有成功之处”吧。

人生就是不断地开始

一个部落首领的儿子在父亲去世后承担起了领导部落的责任。但是，由于他花天酒地，游手好闲，部落的势力很快衰落下来。在一次与仇家的战役中，他被仇家所在的部落擒获。仇家的首领决定第二天将他斩首，但是可以给他一天的时间自由活动，而活动的范围只能在一个指定的草原上。

当他被放逐在茫茫的大草原上时，他感觉，这个时候，自己已经完全被整个世界抛弃了，天堂将很快成为自己的最终归宿。他回忆起曾经锦衣玉食的日子，想起了自己部落辛苦劳作的牧民，想起了那些英勇的武士卖命效力，他追悔莫及。

他想，如果能让我重来一次，上天再给我一次机会，绝对不会是这样一个结果。于是，他想在自己生命的最后24个小时做一些事情，来弥补自己曾经的过失。

他慢慢地行走在草原上，看见很多贫苦而又可怜的牧民在烤火。他把自己头顶上的珍珠摘下来送给他们；他看见有一只山羊跑得太远，迷失了方向，他把它追了回来；他看见有孩子摔倒了，主动把他扶了起来；最后，他还把自己一件珍贵的大衣送给了看守他的士兵……他终于做了一些自己以前从没做过的事情，他觉得自己内心还是善良的，可以满意地结束自己的生命了。

第二天，行刑的时候到了，他很轻松地步入刑场，闭上眼睛，等待刽子手结束自己的生命。可是等了很久，刽子手的刀仍没有落下，他觉得很奇怪。当他慢慢把眼睛睁开的时候，才看见那个仇家首领捧着一碗酒微笑着站在他面前。

那个首领说："兄弟，这一天来，你的所作所为让我感动，也让我重新认识了你。我们两个部落的牧民本来可以和睦愉快地相处，却因为一些私利互相仇视，彼此杀戮，谁都没有过上太平的日子。今天，我要敬你一杯酒，冰释前嫌，以后我们就是兄弟，如何？"

之后，那个纨绔子弟回到了部落，再也没有纸醉金迷地生活，而是勤政爱民，发誓要做一个优秀的部族首领。从此以后，这两个部落的牧民再也没有发生过战争，彼此融洽和平地生活在草原上。

人生可以随时开始，即使只剩下生命中的24小时。

一个人只要还能思考，还有梦想，就一定可以重新开始自己的人生。

可为什么，有时我们明明知道自己已经错了，还是要继续错下去，或是已深陷痛苦之中，却仍然不愿逃离出来呢？是"不敢”或“不舍”将自己陷于困局？如果明知这条路不适合自己，再走下去的结果也只是枉然，何不立即舍弃重新开始呢？

日本作家中岛薰曾说：“认为自己做不到，只是一种错觉。我们开始做某事前，往往考虑能否做到，接着就开始怀疑自己，这是十分错误的想法。”

人生随时都可以重新开始，没有年龄限制，更没有性别区分，只要我们有决心和信心，梦想，即使到了70岁也能实现。

有一部电影，讲的是一个年轻人，因为自己恋慕已久的女人要嫁给一个富商，十分痛苦。自此自暴自弃，破罐破摔，每天喝得烂醉如泥，惹是生非。镇上的人见了他，纷纷侧目，迎面走过的人更是纷纷避让，生怕招惹祸端。

一个在镇上颇有威望的老者见到他这副模样，于是呵斥他道：“有本事你就把她追回来。”

“可是，她已经要嫁给别人了。”年轻人哀怨地说。

“如果你有本事，你就有机会，你还有时间，你需要的是振作！”老者义正词严地说。

“可我一无所有，怕是没什么指望了。”年轻人哀怨着。

“你还有今天。你还有明天。你还有一身的力气。”老者说道。

在老人的殷殷教诲之下，年轻人终于鼓起勇气：离开了小镇，远走他乡……

3年后，年轻人回到镇上，找到了那位教诲他的老人。老人告诉他，那个女人已经嫁给了富翁。年轻人笑了笑，说："一切都已经过去了，你教给我的不是怎么娶一个女人，而是教会我做人的道理，这才是最重要的。"

今天是一个结束，又是一个开始。昨天的成功也好，失败也好，今天都可以重新开始，重新开拓自己的人生。昨天失败了，不要紧。今天忘了它，总结失败的教训，继续新的努力。即便昨天是成功的，今天依旧要重新开始，在成功的基础上继续努力，争取更辉煌的进步。

人生就是不断重新开始的过程，随时都可以有新的开始，新的希望，新的天空。

热爱才是根本

我认识一个美国小孩，前年到我在江苏北部的老家以后，吃东西吃得很high。他对我说，他准备把我家的这个菜装在他要做的那个菜上面。他准备做的菜是什么呢？这个小孩子的理想是做一种新型的比萨。他认为意大利比萨不好吃，而且做法太单调了，就是往干酪里面加一点儿其他东西。所以他要做一种比萨，这个比萨下面的饼是他自己用一个特殊配方做出来的，他想把全世界特别好吃的菜都堆在上面，于是就到世界各地去采风，找最好吃的东西是什么，然后选择一些菜单。他觉得我们老家的菜是可以放在他的比萨“托盘”面饼上的。

他到我们家的时候是17岁，上高二或者高三的样子。18岁的时候，他跟他父亲签了一份合同，在合同上约定，他父亲的财富以后跟他无关。他的财富也跟父亲无关，这个18岁的孩子决定不上大学，高中毕业就研发和完善他的餐饮计划。现在，他在旧金山开了他的第一个餐厅。

这个孩子的父亲是一个拥有70亿美元财富的美国富豪，但是在这个孩子眼里，他父亲再有钱也跟他没关系；请注意，他父亲也不可以侵占他的财产，他的财产跟他父亲也没什么关系。这个孩子的爱好就是要做他那种比萨。

有两种职业选择：第一种选择是你知道世界上有这么一个职业，而这个职业的要求正是你喜欢的东西；第二种选择是社会上没有这种东西，但是我心目中有一种东西，我要把这种东西创造出来。

很多互联网中的事物，在四五年或者七八年以前都是没有的，每年在互联网中都会产生很多新事物。例如，现在有些小朋友会沉迷于电脑游戏。上海有一个对电脑游戏超级沉迷的同学，他在沉迷之后索性没考大学，一直沉迷下去了，并把它发展成了一门职业。

现在他在网上成立了一个网络游戏测试公司，由50多个对电脑游戏超级沉迷的年轻朋友共同组成。他们做什么呢？就是网络游戏公司做好一个游戏后专门让他们玩，测试一下这个游戏能不能让人沉迷。他们还能告诉游戏公司，需要怎么改进之后才能让人沉迷，而且他开出的测试费用是很贵的。在他的这个虚拟公司里，如果你被面试录用，起薪是5000～6000元人民币，第二年差不多月薪能达到2万元，比一般本科、研究生的收入都要高。为什么？因为这是一群有热爱的孩子。你想想看，沉迷就是一种热爱呀！

如果你能在高三之前就搞清楚这些东西，就是存在着我喜欢的某些专业或一个东西，但是它还没有出现在大学中，那么我就决定不考了，或者我就去那些专门搞这个的中专学校，比如厨艺学校、烹调学校，那我读一个中专就完了，干吗非要读大学呢？弄清楚了这些，那你在考虑要不要上大学、上什么大学、选什么专业的时候就不一样了。

有一些男孩或女孩总是说“我妈说学金融好，我就学金融”。一般来说老妈说什么就是什么。这种孩子适合上什么专业呢？其实，这种学生学什么专业都行！家长让你学你就学，学到中间你问家长：“爸，妈，我要不要换专业啊？”家长说：“不换！”好吧，那就不换。家长说：“换！”好吧，那就换，学什么专业都行。但是，他又学什么专业都不行。说他学什么专业都行，意思是说让他去学哪个专业他都会去，因为家长让他去；说他学什么专业都不行，是说他学什么专业都学得不怎么样，原因在于他对这个专业没有爱。喜欢还是不喜欢，才是根本！

希望就在拐角

去省里开残代会，同行的代表中有位和我一样有听力障碍的女子。当肢残人代表主动跟我们交流的时候，我的弱点便暴露了——他们语速太快，口型也不是我熟悉的那类标准普通话口型，我木讷地坐在那里，根本接不上话。而她，却仍应对从容，交谈显得轻松愉快。

我问她怎么能看懂那么多不同的口型？她笑着摇摇头："我不需要看口型，他们说话，我听得很清楚。"说着，她用手拨开右耳后的长发，一段黑色导线连着一块硬币大小的导体正固定在她耳郭后面。原来，她植入了电子耳蜗。

见我感兴趣，她慢慢地给我讲了她的康复故事。

她一岁多就因注射抗生素导致双耳失聪，之后，她配上助听器。但是随着成长，听力开始不明原因地日渐下降，到了12岁，佩戴最大功率的助听器，都没法听见了。束手无策的父亲只好带她去北京寻找康复的机会。

大夫如实告诉了他们植入电子耳蜗的利弊：如果手术成功，患者听力将大幅提高，接近正常。但安装电子耳蜗不仅费用昂贵，并且风险较大，万一失败，可能听力状况比手术前还糟。

没人敢保证手术是百分之百成功，一旦手术失败，不仅给家庭带来巨大的经济压力，并且孩子原有的一点点听力也消失殆尽。很多家长考虑到孩子尚有微弱的残存听力，不敢冒那个险，犹豫再三，最终放弃了手术。唯有她的父亲顶着巨大的压力，签下了手术协议。

手术那天，她的父亲用笔在纸上写了一段话："孩子，大夫给你打一针，你就睡吧，睡醒了，就能听到爸爸的声音了。""真的吗？"她睁大了眼睛盯着父亲。看到父亲和站在一旁的大夫都肯定地冲她点点头，她高兴极了。

醒来后，睁眼就看到爸爸红肿着眼，正焦急地看着她。见她醒了，父亲连连叫着她的小名，她惊喜地答应着——她实在太高兴了，爸爸没骗她，果真是睡了一觉后，就听到了爸爸的声音。

靠着植入耳内的电子耳蜗，她像常人一样顺利地考上了大学，找到了一份满意的工作。她说自己很幸运，当时她的听力在同去咨询手术的那些孩子当中是最差的，父亲冒险选择给她做耳蜗植入术也是万不得已的决定——反正她的耳朵几乎听不见了，都已经是最坏的状况了，还能坏到哪儿去？

她的话，令我感慨。是啊，如果她还有残存的听力，她的父亲可能就下不了那么大的决心了，她的命运，可能也像我们这些中、重度的听障人一样，至今挣扎在难以与人正常沟通的苦恼中。

还有一位亲友，几年前在一家企业做文员。单位效益很差，但那是有编制的正式工作。只是工资太低了，他也一度考虑过辞职，却又舍不得，怕再也找不到这么轻松体面的工作，更怕以后成了社会上的“自由人”，失去最起码的生活保障。妻子一直没有正式工作，孩子还在上中学，他要是再没工作，这个家还怎么过呢?

但是，仿佛越怕什么，越易发生什么。单位改制，他们那个部门被公司精减下来，拿到一笔工龄买断金后，他成了没有单位的自由人。那一刻，他觉得天都塌了，再没有比这更糟的事了。他把自己关在屋里喝了两天闷酒后，决定豁出去了——用那笔买断金购进了一些器材，凭着他多年前在车间做电工的经验，做起了代销五金器材和埋线、走线的生意。

没想到，不到半年，他就收回了成本，生意好的时候，一天的收入能超过他当年在单位一个月的工资。尽管他比以前忙累多了，没了节假日，但物质和精神生活却比以前丰裕得多。现在，他和妻子正商量准备把房子换成大的，再买一辆私家车。

闲聊时，他说：“有些成功，真不敢想象……如果没有那次减员风波，我也不敢破釜沉舟地开始创业。”我乐了：“不逼你一把，你就不会知道你原来可以这么优秀。”

人生，或许就是这么富有戏剧性。当我们陷入最糟糕的状况时，肯定会生出伤感、烦恼、无助等灰色情绪，但是，理智地接受窘迫，积极行动起来，可能正是这个负极点，逼着你不得不改变思维和习惯，从一个崭新的开端出发，找到“柳暗花明又一村”的喜悦，找到另一种你之前不敢想象的成功。

蛰伏的蜂王

有蜂群必有蜂王，在一个蜂群中，负责采蜜的工蜂无数，但蜂王是独一无二的，决不允许出现第二个。即便出现，强者必将杀死弱者。

蜂王的任务只有一个，即繁衍后代，壮大蜂群。没有蜂王，也就没有蜂群的存在。所以，蜂王的待遇是至高无上的，所有的工蜂都是它的子民，除了采蜜之外，时刻围绕在它的周围，像侍者一样给它提供食物，清除垃圾，照应它的一切需求。

然而，再强大的蜂王也有老去的一天，它的寿命也就3年到5年。由于老迈的蜂王生殖率逐渐下降，养蜂人就要将它淘汰，更换更强大的蜂王。

更换蜂王可不那么简单，必须过蜂群这关。虽然那些工蜂对蜂王俯首帖耳，但一个新蜂王的到来它们却不欢迎，它们会群起而攻之。新蜂王仗着自己强势的地位和强健的体魄，根本没把那些工蜂放在眼里，横冲直撞，拼命厮杀。然而，终归寡不敌众，虽然剿灭了不少工蜂，但新蜂王十有八九也被蜂群诛杀。

怎么办？养蜂人想了一个办法。

在将新蜂王放入蜂群之前，养蜂人先将它置入水中浸湿，再放进蜂群。由于全身都沾满了水，所以蜂王行动缓慢，甚至一动不动，丝毫没有攻击的能力。工蜂也很奇怪，它们都有怜悯同类同情弱者的天性，只见它们争先恐后地舔食蜂王身上的水分。舔干之后，蜂王和蜂群就气味相投了。不费吹灰之力，它就成了所有工蜂拥戴的蜂王。

气势汹汹的杀戮，没有让蜂群臣服，反而搭上了自己的性命；不声不响的蛰伏，不但赢得了蜂群，还被蜂群拥戴为王。

日常生活也是这样，润物无声胜于电闪雷鸣。

兔子不需要去学游泳

我的高中同学刘晓芬大学读的是中文系，毕业后应聘到一家公司做了文秘。平时她喜欢看书，文章也写得不错，上班空闲时，她就写些自己工作中的感受。

半年后，刘晓芬认识了男朋友兰科。兰科原来在一家电脑公司打工，后来自己成立了公司，每日辛苦奔忙。有一天兰科无意看到晓芬的笔记本，问她："你记录这些干吗？"晓芬说："刚开始是闲暇时间随便写的，现在准备积累到一定程度后，将内容加以整理润色，可能会成为一部很好的职场小说。能出一本书，是我的一个理想。"

兰科责怪她将时间都浪费了，对她说："你应该在空余时间学英语和计算机，让这两方面的技能再上一个台阶。这两项才是职场人以不变应万变的必备本领。如果学会了平面设计或者编程，走到哪里都不怕找不到工作。"

晓芬觉得兰科分析得有道理，也想着学会计算机的知识，还可以帮兰科编个程序、开发软件什么的，就报了这两项的学习班。从此，晓芬天天下班不能看自己喜欢的小说了，也没有心思写随笔了，晚上总是去参加培训班。

然而，晓芬在培训班里并不快乐，尤其是计算机，那不是她的强项，以前高中时她就因为数学学得不好，选择了文科，考大学时又选择了中文系。现在真要补足自己的弱项，还真是不容易呢！

晓芬学得很辛苦，成绩也并不突出。以前上大学时，晓芬在校报上发表了一些文章，被同学称作才女，老师也总是投来赞许的眼光。而现在，在这个计算机班里，她付出了很大的努力，成绩却是平平，甚至有的科目差点被“挂”。她再也找不到如鱼得水的感觉，学起来也总是无精打采。

后来，晓芬去拜访我们高中时的班主任张老师，说了自己的苦恼。张老师笑着对晓芬说：“兔子的本领就是跑得快，它是不会游泳的。兔子如果想取得成就，就应该继续练跑步，而不是去学游泳。”

老师的一句话点醒了晓芬。她放弃了在计算机班勉为其难的学习，开始大量阅读、潜心写作，两年后她的新书出版了。同学聚会时，有人问刘晓芬是怎么取得成功的，晓芬说：“找准自己的强项，不断努力。就像兔子该练习的是跑步，而不是游泳！”

看来，有时候不一定需要用“勤”去补“拙”。找到自己的强项，发挥自己的优势，可能会离成功更近些。

人生的厚度

我最初工作的学校是一所中专，四五个班级，十几位教师。除了校长、主任外，我们这些老老少少的园丁们都挤在一间大办公室里。那时，我刚从学校毕业，其他几位都算是名师，在教育界个个算得上精英。

教教学法的李老师是个脾气很好的小老头，也是学生们敬佩的特级教师。李老师平常脸上总挂着笑，对谁都客气。他还不时和我一起探讨古典诗词的问题，对我发表文章赞许不已。北方的冬天特别冷，室内要点火炉，既取暖，又可烧水喝。李老师总是争着去提水、提煤。

就是这样一位整天乐呵呵的老人，其实他的人生充满了苦涩。我听学校的主任说，李老师很小就成了孤儿，中年又失去了妻子，到了老年儿子车祸身亡。人生之大不幸总是缠绕着他。李老师独自带着七八岁的孙子生活，以年迈之躯一边工作一边照顾小孙子的生活学习。他对工作十分认真负责，一笔一画地批改作业，一字一句地准备讲稿。

我几乎从没有在他眼中看到悲伤和失落。他的表情总是很平静，甚至还会开开玩笑，讲些故事给我们听。一副深度眼镜，一身灰色中山装。但李老师不是个固执守旧的人，他对新的教育思想、教学方法，接受得最快，他在课堂上总是神采飞扬，连上课睡觉厌学的那一两个学生也听得津津有味。在李老师身上，我渐渐读懂了人生的厚度和韧性。

并不是每个人都能直面挫折和磨难。我熟悉的另一位老师，他课教得好，学生们也喜欢，就要准备提任副校长了，他一门心思想考大学，考了几年落榜了，后来因为年龄超线，不能再参加高考，他受不了这一打击，害怕同事亲朋好友看笑话，服药自杀了。

有人说世界上每个人都是被上帝咬过一口的苹果，都是有缺陷的人。有缺陷的人生才是真实的，意味着我们可以努力去改变、去修复、去完善，去拓展出更大更好的空间。生命可以承受的东西极其微妙。对有的人来说，他能托起一座大山；可有时也许一根轻轻的羽毛就足以毁灭一个生命的全部。

第六章

Chapter 06

给自己喝倒彩

走向卓越的关键

2012年1月中旬，一位17岁的美国女孩儿引起全美媒体的高度关注，传遍全世界，因为她收到了一份特殊邀请，将前往白宫聆听总统贝拉克·奥巴马在1月24日举办的国会演讲。

在美国，小小年纪的她还只是一个普通的高中三年级学生，她何以获此殊荣？据美国《新闻日报》报道，她正是在全称为“科学天才搜索”高中生科研大赛中跻身于半决赛的学生之一萨曼莎·加维。

“科学天才搜索”高中生科研大赛以其历史悠久在全美颇具声望，堪称“少年诺贝尔奖”。在这次有上千名美国高中生报名参加的大赛中，通过自己的原创科研作品，加维过五关斩六将，凭借自己在海洋生物学方面的独有特长和视角，成功晋级半决赛，成为旨在“寻找明日科学家”中的科学小奇才。

然而，谁也没有料到的是，媒体意外发现，就是这么一位天才级的高中生女孩儿，竟然还是一名无家可归的穷孩子，生活贫寒，超出所有人想象。

1995年，加维出生在美国纽约州长岛地区的一个穷苦家庭。17年来，她虽然和父母一直生活在一起，但她是在收容所里长大的，至今还栖身在萨福克县一处只为无家可归者提供避难的收容所内，贫寒交迫程度可想而知。

加维的遭遇和事迹经媒体披露后，无人不感到吃惊和动容。因为相比较而言，她不可能拥有优越的物质生活，更不可能在各项条件都顶尖的学校里读书，但她又是如何克服贫穷和逆境，在参赛人数达到61人的长岛地区脱颖而出，成为唯一进入决赛的选手呢？

2012年1月17日，长岛议员史蒂夫·伊斯雷尔在宣布正式邀请她前往国会参加听讲的消息时说："加维小小年纪就获此殊荣，不仅因为她的天赋，更缘于她在贫寒逆境中拔尖的精神。"并邀请加维的父母在自己的办公室里届时收看奥巴马演讲的电视直播。

随后，美国《新闻日报》也发表采访她的文章，在对她卓越成就给予充分肯定的同时，教育专家也进行了深入解析。虽然她在日常生活中面临艰辛，但她具备了超乎常人的掌握知识的渴望和决心。

专家最后总结，一个人在成长和成功的过程中，要想取得卓越的成就，最重要的因素并不取决于家境如何优越，也不是就读的学校高级还是普通，而是她一定具备了有别于常人的独特品质和刻苦精神。因为，她必须以坚韧的耐心、毅力，不断克服接踵而至的困难，跨越所有障碍，去除杂念，心无旁骛去完成预定的目标。

据说在2008年以前，从历届参加此项科研大赛脱颖而出的学生中，已经有6位人士最终成为“诺贝尔奖”获得者。萨曼莎·加维的成功秘诀显然具备了这些特质和优势，贫寒不是借口，逆境不是绝路，从收容所走出一个科学小奇才，一点儿也不让人感到奇怪。

山高人为峰，少年壮志不言愁。不要问怎样做才能卓越，不要抱怨为什么没有成功，激情、刻苦、精通、专注和坚持，这就是她的独特之处。

或许，走向卓越的因素有很多很多，但“专注”二字无疑是最重要的因素。只有做事专注的人，才能以饱满的热情，竭尽全力投入到工作中，并最终成为攀登事业高峰的栋梁之材。

与对手相处的另类方法

15岁的时候，楼仲平挑着货郎担子，跟着一位老货郎一起做生意。他们从家乡义乌出发，摇着拨浪鼓，一前一后，走遍了江西的角角落落。两个人在一起，你卖针头线脑儿，我卖线脑儿针头，相互之间，难免有些竞争，甚至争吵。楼仲平曾经想过“单飞”。但是，一件事改变了他的想法，也影响了他的一生。

那年夏天，楼仲平与老货郎一起挑着货郎担子在江西乡下做生意。正午，半路上。楼仲平中了暑。他头重脚轻，眼冒金花，一头栽倒在地上。等他醒来的时候，已经是第三天的中午。他躺在一个破庙里，老货郎正在用热毛巾为他擦拭身子。楼仲平感激地问：“你为什么要放下自己的生意来照顾我？”老货郎憨厚地笑了笑，对他说：“为了让你继续跟我竞争呀！”楼仲平不解地看着老货郎，问：“为什么？我可是你的对手呀！”老货郎说：“正是因为你是我的对手，所以我才要救你。因为，只有对手才是最要好的朋友！”楼仲平不甚懂。但是，楼仲平记住了老货郎这句话，还有他与老货郎这段难忘的友情。

20世纪90年代，随着饮料市场的不断开拓，吸管开始成为人们生活中不可缺少的饮食工具。楼仲平看准了这个商机，打算制作吸管。人们不以为然。因为，吸管太小，利润太低，每支吸管只能赚到7厘钱。可是，货郎出身的楼仲平却十分看重这小小的7厘钱。妻子吵他。他劝妻子道：“不怕钱小，就怕钱少。小沙粒多了，也能堆成沙丘！”在楼仲平的劝说下，妻子终于同意了他的决定。于是，楼仲平夫妻俩买了两台机器，租赁了一间民房，开始制作吸管。5年过去了，楼仲平的吸管厂已经从家庭作坊发展成为规模企业，年收入在100万元以上。

小小的吸管竟然也能赚大钱？义乌的人眼红了。由于吸管投资小，技术含量低，几乎家家都可以加工制作。于是，义乌的乡村一夜之间竟然冒出了40余家吸管厂，比原来扩大了30倍。

吸管虽然有一定的市场空间，但是，因为物件小，利润低，厂家主要靠数量赚钱。而现在，义乌家家造吸管，产品多而杂。这种无序竞争肯定要出问题，楼仲平的妻子已经看到了这个问题，劝楼仲平说：“咱们的钱也赚得差不多了，赶快转产吧。否则，不破产也一定会亏损。”楼仲平不，他说：“咱们是义乌最大最早的吸管厂，如果咱们转产了，那么，义乌整个吸管产业就会垮掉。”不仅如此，楼仲平还注册了“双童”吸管商标，力争打造知名品牌。

很快，楼仲平妻子所忧虑的事情就来临了。1997年，亚洲爆发了严重的金融危机。再加之全国吸管市场供大于求，造成义乌的吸管产品卖不出去。于是，小企业倒闭，大企业亏损。一位吸管企业的老板因此而跳楼，这件事儿对楼仲平刺激很大。他忽然想起了老货郎的话：对手才是最好的朋友！于是，楼仲平决定帮助自己的对手，带着对手一起飞。

楼仲平采取了两项措施，很快就帮助对手度过了危机。一是对于弱小的企业，采取收购或者加盟的方式，加入他的双童吸管集团，实现利益共享，风险共担；二是拿出自己所有的积蓄，免息借给几家较大的吸管企业，帮助他们渡过难关。妻子说楼仲平疯了。哪有这样帮对手的呀！不光是妻子，就连那几家受到帮助的吸管企业老板也不相信这是真的。可是，当他们从楼仲平的手中接过那张货真价实的支票的时候，禁不住流下了热泪。这个老楼，还真是要帮俺们呀！

楼仲平没有疯，更没有傻。他的这些措施很快就产生了巨大的效果。收购和加盟壮大了自己的企业，把“双童”打造成了世界著名的吸管品牌。同时，帮助扶持对手，培育了义乌吸管产业，使义乌成为世界著名的吸管产业聚集地。目前，世界40%的吸管来自于义乌，而30%的吸管来自于楼仲平的双童吸管集团。每天，有1亿人在用楼仲平的吸管喝饮料。不仅如此，楼仲平重视技术创新，拥有30多项吸管专利，年利润达到1亿元以上。

带着对手一起飞。因为，有竞争才有人气，有人气才有生意，有生意才有钱赚！这就是楼仲平从老货郎那里学习来的成功秘诀。

敢于做梦的老头

有一位美国老头，名叫谢尔登·阿德尔森，自小在贫民窟长大，因为敢于做梦，12岁以报童起家开始创业，打拼40多年成为全美第三富翁，74岁时财富一下蒸发90%，继续打拼再登富豪榜，这个老头的跌宕人生路就像过山车一样惊心动魄，却创造了世界上财富增长速度最快的有钱人，不能不说他既是不可复制的奇迹，更是令人叹为观止的神话。

0岁：1933年出生，全家6口人只有一张床和一间房，挤住在美国波士顿的一处贫民窟里。父亲是一名出租车司机，母亲为生计在家中干些缝纫杂活贴补家用。

12岁：在贫民窟长大的他，跟叔父借钱200美元，租下街边两个摊位，开始卖报纸创业，这一干就是8年。

20岁：结束在街头颠沛流离的生活，敢于做梦，不断发现并抓住商机，卖洗发水、剃须膏等给汽车旅馆。随后当兵以及考取大学学习公司理财，走出校门，做贷款经纪人、投资顾问和理财咨询师等职业。

30岁：前往纽约寻求梦想和发展，从事媒体广告业务。尝试无数行业，成为一名管理着500万美元基金的风险投资家，大到原子能源小到宠物商店成功投资75家公司。1969年股市大崩盘，他损失惨重，但很快抽身投资圈，进军房地产业。没过多久，他唯一的业务受到重创，房地产生意就此关门。在加利福尼亚一次由一家杂志主办的房展中，再次看到机会。次年3月主办第一场会展，全美国科技产品经销商闻讯而来，展览规模越办越大。

40岁：1979年他通过自己投资的一本计算机杂志，在拉斯维加斯创办计算机供货商展览Comdex，以100美元一个摊位的价格向主办地政府租赁展览场地，再以50倍高价租给展商，积累下巨额财富。上世纪80年代，计算机业蓬勃发展，Comdex展览会很快成为全球最大的计算机展会。

50岁：迎来IT业黄金时代，人们无不想对Comdex展览会上最新科技产品一睹为快，比尔·盖茨、史蒂夫·乔布斯等IT与财富英雄的演讲更是展览会吸引人的重头戏。8年后，参展商已达2480家，参观者超过21万。1989年，以1.28亿美元买下旧金沙赌场酒店，并建起美国首家由个人投资并拥有的金沙展览中心，以此转战并不熟悉的博彩业。

60岁：1995年被人称为“会展之父”，以8.6亿美元高价将Comdex盘给日本软银，此交易令他成为真正的富豪。投资15亿美元炸掉金沙赌场酒店。3年重建，占地63英亩，把它与美国最大会展中心相连，建一座堪称全球投资最庞大的集住宿、娱乐、博彩的“威尼斯人度假村”，确立了他在拉斯维加斯的富豪地位，并将博彩帝国延伸到亚洲，在中国澳门投资澳门金沙娱乐场，在新加坡建设滨海湾金沙酒店。

70岁：2003年身家超过30亿美元。不到3年，以每小时赚进近100万美元的速度，迅速拥有205亿美元，购买私人飞机14架，成为全世界最大的私人飞机群。2007年财富上升到265亿美元，位于《福布斯》全球富豪排行榜第六位，在美国排名第三，仅次于比尔·盖茨和巴菲特。74岁登上人生最高点。

74岁：2007至2008年间，金融危机爆发，旗下金沙集团股价下跌，一年之间损失250亿美元，财富缩水超过90%。从谷底到顶峰花了40多年，从顶峰坠落却只有一年。但他从顶点跌入谷底后再次登上顶峰，不得不说是一个奇迹。短短两年，他重新积累财富近150亿美元。2009年成为《福布斯》杂志富豪排行榜有史以来财富增长速度最快并成为全球最有钱的人。

如今谢尔登·阿德尔森将迎来78岁生日，他的左腿饱受神经病变的痛苦，走起路来只能靠一根拐杖支撑，但就是这么个老头依然敢于做梦：“总有一天我的财富要超越比尔·盖茨，变成世界首富。”然而，当被问及他的财富还差比尔·盖茨300亿美元，是否有兴趣回到从前的排位时，他的眼睛豁然发亮，最后这样回答：“为什么不呢？我就是敢于做梦才拥有今天的财富。”

想法改变世界

韦盖·艾里森一直认为自己没有魅力。虽然她尽可能地穿时髦的衣服，尽可能地在脸上堆出笑容，但无论到哪里，她都对自己的外貌不满意。

艾里森有个名叫安德里亚的双胞胎姐姐，她们看起来非常像，甚至她们的亲密朋友也有分不清楚的时候。然而，安德里亚的思想跟艾里森的不一样，无论在什么情况下，她都觉得自己跟别的人一样有魅力。

艾里森和安德里亚都是单身，她们一起出去时，总是不断地有男士被安德里亚吸引，甚至在对面的男士，也要装作有什么事情一样，跑过来看安德里亚，好像艾里森不存在似的。是什么使人们对这对双胞胎姐妹当中的一个更感兴趣？是什么使这对双胞胎姐妹有如此截然不同的经历？是她们对自身的看法以及由这些看法产生的思想的不同。

从有记忆时起，艾里森就把自己和别人比较，每次出门她总是觉得自己没有吸引力，由此产生了一系列的负面想法。“要是我能像那边那个女人那么漂亮就好了，我应该穿裙子出来的，这条牛仔裤使我的大腿看起来太粗了。”这样的内心对话的效果是很明显的，艾里森的身体语言给人们留下了她不自然、不快乐、让人提不起兴趣的印象。安德里亚却不一样，她总是想着自己的吸引人之处。“我穿蓝色比黄色好看。我喜欢耳环在我的头发之间闪闪发光。”她内心这种积极的对话使她很放松，经常自然地笑出来。

我们经常把心里所想的当真理。然而我们知道，心里所想的并不总是真的，很多情况下，只是假想而已。如果你认为别人不喜欢你，你就很可能认为她皱眉是因为你，其实，很可能因为一件完全与你无关的事情。我们的大脑能很快地为我们内心的想法创造出“证据”来，我们一次又一次地向自己证明事情就像我们所想的那样。

在成年之前很久，我们已经积累了数千种信念，比如“我协调能力不好”、“假日真难过”，甚至更严重，“这世界不是个安全的地方”、“人们会利用我”、“我永远得不到我想要的”、“没有人理解我”。我们也会有积极的信念，比如“我喜欢下雨天”、“我的组织能力不错”。积极的想法在很大程度上会帮助我们创造我们的经历，使我们的世界变得更美好。

如果艾里森认为虽然她自己不特别有魅力，但也不是没有魅力。她很可能会发现，人们一样会被她吸引，像被她的双胞胎姐姐吸引那样。她也会很高兴地发现，她和自己的关系的改变也会自然地引起她和别人的关系的改变，她的世界会随之变得更美好。

改写人生的笨办法

从上大学的第一天开始，吴立杰就在琢磨，怎样把自己设计的服装草图卖出去呢？整个暑假，他都在做同一件事，就是顶着烈日，背着一包画好的服务图，在杭州的各个服装厂穿梭，逢人就一脸诚意地推销自己。遗憾的是，整整奔波了两个月，人晒得像河塘里的泥鳅，工作依然没有着落。

吴立杰出生在浙江温州一个偏僻的村子里，村子四面环山，唯一的小路修在悬崖边上，从小到大，他从未走出过大山。伴着青山绿水，他爱上了画画，小花小草树木河流都跑进了他的画里。因为太痴迷，学习成绩一直没有太大起色，高考时，与自己梦寐以求的中央美院擦肩而过，反而接到了浙江理工大学的录取通知书。

吴立杰第一个念头是复读，除了中央美院，任何学校对热爱画画的他都没有吸引力，父亲的一番话却如当头一盆凉水，浇灭了他心中蠢蠢欲动的种子，父亲说："家里这么穷，有书读就不错了，1万块钱学费还是你姐拿的。不管学什么，只要你踏踏实实去学，总会有收获！”

明白自己没有权利挑剔，除了往前走，他别无选择。吴立杰背起简单的行囊，进了浙江理工大学学习服装设计。

别人都在谈恋爱参加社团活动的时候，吴立杰俯在桌子上，认真地画着服装草图，虽然他喜欢的是画油画，但是他知道，他必须把专业学好，还要用它赚大二的学费呢，他不能一直用姐姐的钱。

大一暑假，他整整跑了两个月，没有卖出一张图，原来服装设计并不像自己想象的那么简单。他在日记里激励自己，同时更加勤奋地学习。工夫没有白费，大二第一学期，他的作品在第二届“脑白金”杯CCTV服装设计大赛中获奖，然后，又陆陆续续在一些国家级大赛中获奖。吴立杰渐渐成了学校的“名人”。

有了底气，他再次出击，选了一家比较有名气的服装公司，带着自己设计的草图，直接找到了公司老板。最终，老板选了8张，一张50元，共给了他400元。捧着这来之不易的第一笔钱，吴立杰欣喜若狂，他对老板提出了另一个要求，他要在这里打工，月工资只要600元。

老板看着他的设计图，越看越觉得有创意，完全可以和公司里的专业设计师相媲美，而这些设计师年薪至少要五六十万呢，有这样的大便宜，他当然乐意捡。于是，吴立杰有了他的第一份工作。然后，他又如法炮制，在另外3家公司也同样找到了兼职的工作。

同学们知道后都说他笨，4个兼职的工资其实在一家就可以拿到，居然不知道把自己卖个好价钱。他并不后悔，因为他知道，如果不是因为自己“笨”，开出这么低的工资，凭他一个在校的学生，哪能轻易找到工作啊。虽然辛苦了点，但是也是一种锻炼，何况每个月有两千多元的收入，再也不用靠姐姐供着了。

即使拿这么低的工资，兼职的工作也并不是可以一直做下去的，还是要经常重新找工作。那一次，他去一家国外品牌服装代理公司面试时，老板给他出了一个难题：“请问，我们这个法国服装品牌在国内市场如何开拓？”这个问题他从来没有想过，一时窘得面红耳赤。

回到学校后，他左思右想依然找不到好的方法，见到同学就虚心请教，还专门跑去问老师，最后，在大家的共同努力下，问题迎刃而解。一周后，他胸有成竹地再次找到那个老板，说：“我的第一个建议是，欧式服装要根据中国人的身材适度缩小，板型做一点小小的改动，您看，我身上穿的这套就非常合适。第二个建议是，找模特给改版后的服装照相，制成宣传画册，向消费者发放。”

老板没有想到他的建议如此细致，主动要求让他全权操作。吴立杰知道，这将是树立自己品牌的最好时机，因此，他做得很认真，亲自去找模特和摄影师，全程参与。画册做好后，老板非常满意，而吴立杰却有另外的想法，他拿着画册到各个公司去推销，结果，他兼职的一家公司也愿意做一本，并开出了4万元的价格。

当时，这种画册的市场价是8万元，同学们又说他笨，有市场价在那里摆着，干吗只卖4万元啊？因为吴立杰找的模特是大学生，设计又是自己动手，所以省了不少成本，4万元他已经很满足了。凭着比市场低一半的价格，他接连揽了不少“生意”，一下子赚了好几万。

整个大学期间他就用这种笨办法为自己赚得了创业的第一桶金，同时也积累了不少人脉。毕业后，他开起了一家自己的公司，并找到当初自己打工的公司，提出了合作经营的思路：他出技术，对方出资金。此时，他已是杭州颇有名气的服装设计师，而且以前的合作也让老板认为他是个值得信赖的人。于是，合作事项很快谈妥，他借助对方的销售网络，把自己设计的服装卖到了全国15个省市。

本来只想画画，没想到，在设计领域闯出了一片新天地。现在的吴立杰身价已经超过千万，这个“80后”的小伙子，谈起自己的成功，总是一脸谦虚地说：“我用的都是很多人不屑的笨办法，其实成功就是一个成长的过程，其中有很多的波折、转机，需要我们用一生去驾驭！”

当你没有金钱没有背景，也非天赐奇才时，也许，只有一些笨办法，才能一点点积累，最终彻底改写你的人生轨迹。

捅破那层纸

20世纪30年代末，华慧娜出生在香港的一个商人家庭。她的父亲是一个非常守旧的人，总认为女子无才便是德，成天把华慧娜关在家里，让她跟着母亲学刺绣。

每天早上，华慧娜都能听见窗外的小男孩们去上学的声音，她觉得自己如果不读书就不会有出头之日，就像她的母亲，一生之中唯一的成就就是生了一对儿女，除此之外，似乎再也没有任何值得母亲骄傲的事情。华慧娜最终说服了妈妈，瞒着爸爸跑出去读书，她每天在父亲出门之后再去上学，傍晚则在父亲到家之前放学回来。华慧娜学习刻苦，一个学期结束后，她把全年级第一名的优秀成绩带回了家。

华慧娜的父亲知道后，也开始对华慧娜另眼相看起来，不再反对她继续读书。后来，华慧娜考进了香港大学专攻商科课程，之后又进修了工商管理专业。大学毕业后，华慧娜进入香港渣打银行工作。上班后，她兢兢业业，认真对待每一份业务，很快就凭着严谨的工作作风和优秀的工作表现，得到了上司和同事们的支持拥护。仅用了5年时间，她就由一个银行最基层的员工升为渣打银行经理，成为渣打银行120年以来的首位女性管理者。

这在很多人看来，华慧娜已经事业有成了，然而华慧娜自己却并没有满足，她决定进一步突破自我。当时的美容化妆业在香港日益繁荣起来，于是华慧娜只身跑到英国去学习美容仪态、模特儿和舞台化妆等课程。1966年，敢想敢做的华慧娜在工作的同时，开办了香港第一所美容仪态学校———华慧娜世界。

从此，华慧娜一边在银行工作，一边打理自己的美容学校，经常要忙到凌晨三四点才能休息，尽管如此，倔强的她从来没有放弃过。每天银行下班后，她便迅速赶往“华慧娜世界”，替客人脱痣、治疗暗疮等。因为成效一流，她在几年中就成了香港首屈一指的脱痣专家，脱痣量超过了15万粒，受邀担任了香港第一位电视美容健康节目主持人。缘于在美容界的杰出成就，1974年，华慧娜成为了第一位荣获“香港十大杰出青年奖”的女性。

1988年，华慧娜所在的渣打银行要升她为地区总裁。如果做了总裁，就意味着她再也没有精力打理学校。而此时她创办的美容学校也正经营得如日中天，两者相权衡，她毅然选择了后者。于是辞了银行的工作，全身心地投入到她的美容事业里。几年之中，华慧娜更是把自己的学校经营得风生水起。1991年，华慧娜接触到了美国如新直销公司，她以兼职的方式投身进去，在不懈地努力之下，仅用了两年时间，她便晋升为如新公司在当时最高级别的直销领袖。接着打拼了几年后，富于思考、善于研究的华慧娜决定把自己的学校交给雇员，而自己则全身投入这个行业。因为她在美容仪态行业创造了一个高峰，所以在直销行业，华慧娜又想着创造另一个高峰。凭借着多年的坚持和努力，仅在10年间，华慧娜就在直销行业创造了高达千万美元的纯收入，成为如新公司的寰宇领袖，并获得公司的“Flo-Jo纪念奖”，成为全球唯一获此殊荣的人。

2000年，华慧娜获“亚洲太平洋发型师、美容师”称号，联盟协会颁发给她“亚洲太平洋终身成就奖”；2004年，入选“中国百名杰出女企业家”；2011年底，年逾七旬的华慧娜又被亚洲妇女联合会评为亚洲智慧女性，是“对现代女性具有跨世纪影响力的全球百位女性之一”。

对此，华慧娜回忆起小时候离家上学的经历，自谦地说：“命运其实一直都握在每个人自己的手里，因为每个人的身上都包着一层无形的纸，而我所做的，只是勇敢地把那层纸捅破了！”

眼中钉

他是电影学院毕业的优等生，高个子，长相英俊，典型的奶油小生，笑起来特别好看。同学们觉得他前途无量，定是展翅高飞的影视大腕。

与同学们预料的一样，毕业后的他接连出演了几部影视剧。正当他的事业稳步推进之时，一场车祸断送了他的前程。他的双腿被卡车轧过，粉碎性骨折，脑袋被另一辆躲闪不及的轿车猛地撞了一下。几天后，他在病床上醒来，表情呆滞，双目无神，两腿被截肢。同学说，他的命不好，被撞残撞傻了，原来笑容俊美的奶油小生，现在甚至做个表情都是种奢望。

康复训练了一阵子，他的两手可以动了，他和家人说自己要“自力更生”，不想让大人养活自己。他瘫痪在床，不能行走，在床上能干些什么呢？思来想去，他想到捏泥人。现在人们生活条件好了，照相、画像已经不再新潮，用泥巴给自己捏人像，一定很有情趣。

家人与朋友都劝他打消这个想法，说捏泥人这种乡下人干的活不受待见，捏泥人这种民间技艺很不吃香，就算国内最知名的天津泥人张、惠山泥人也遇到找不到接班人的尴尬现象。可他有自己的主意。小时候他经常和小伙伴捏泥人，摔泥巴，泥巴就是自己的玩具。就算捏泥人不赚钱，也可以重温儿时的快乐时光。

家人给他搬来泥土和一些肖像画，他照着捏呀捏，摁呀摁。泥土毕竟有水分，因为长时间捏泥土，他的手指竟然起了水泡。水泡破了长，长了破，家人劝他戴上塑料手套捏，他说那样会影响手感，坚持用手捏。

开始，他捏的泥人可以说是歪瓜裂枣，根本不像。后来，他越捏越有感觉，每个作品都是传神俏皮，惟妙惟肖。可后来，他遇到了一个问题，泥人捏得虽然漂亮，但时间一长，泥土干了，会出现裂纹。他研究了很长时间，觉得应该是泥土质量有问题，上网查了资料，终于调出最好的泥土，有韧性不易干裂，这样捏出的泥人，几年甚至十几年也不会变形龟裂。

后来，他开了一家泥人店，专卖泥人，有时也提供“现捏”服务，只要客人站着不动，他照着客人的样子，10分钟后，一个栩栩如生、逼真传神的作品就捏好了。很多年轻情侣都来店里捏泥人。他的生意越来越好，不但养活了自己，几年下来，还为弟弟付了房子的首付。

国内时兴山寨和跟风，别人看他开泥人店能赚钱，于是纷纷效仿，有的打广告，有的造噱头。但一年之内，其他泥人店都因经营不善而关门大吉，唯有他的泥人店生意兴隆。

有人问他：“你的生意这么好，秘诀是什么？”

他淡淡一笑：“我瘫痪了，泥人是生意，更是我的命，没有它，我活不下去。锤子眼里只有钉子，它的任务只有一个，就是敲钉子，一天天地敲，一年年地敲。锤子因为专心，当然会成功。”

锤子眼里只有钉子，其他人好高骛远，眼高手低，东顾西盼，太功利太浮躁，而唯有他把捏泥人当做一种生活常态，执著、专一、坚持，这是他成功的关键。

智慧与坚持

她是个性格开朗，漂亮娇美的女孩。2007年，她大学毕业来到长沙一家咨询公司做一名策划师。这年五一假期，她随团到云南旅游。在风光秀丽的大理，她见到一位旅社老板，一位白族的中年妇女，虽年近不惑，但皮肤白皙柔嫩，吹弹可破，简直像个十七八岁的姑娘。问起原因，老板告诉她这是温泉鱼的功劳。爱美的她立即来了兴趣，当天，就让老板带她去泡一下温泉。

进入温泉，泉水暖融融的，尤其是透过清澈的泉水，可以看到很多小拇指大小的小鱼，如小精灵一样，成群结队地在她身体附近游来游去，不时用小嘴亲吻着她的身体，感觉痒痒的，浑身轻松，清爽舒适。

回到旅社，她马上去了网吧，查出了温泉鱼的底细，知道这种鱼主要食用水里的细菌、寄生物，以及一些动物的老化皮肤。经常在这样的温泉中浸泡，小鱼就会清理掉人体的老化皮质、细菌和毛孔排泄物，皮肤就变得清爽白嫩。

这时，她忽然想到，如果能把这些小鱼带回去，这种纯天然、无污染，价格又低的皮肤护理一定会受到城市女性的青睐，成为一大商机。这个念头让她越想越兴奋，她决定尝试一下这个全新的创业模式。

要让这种娇贵的小鱼“游”到城市，关键是能够复制它所依赖的温泉水这样的生存环境。为此，她专门咨询当地的养鱼老板，但大多表示无能为力。这天，终于有一个老板答应帮助她解决这一难题，但提出如果试验成功，要一次性支付700元的费用。她一口答应，从这天起，除了吃饭睡觉，她每天都泡在老板的店里，看着老板给小鱼换水，调温，然后放入一些矿石粉，把水调整成矿泉水。一周后，所有小鱼都像在温泉里那么活泼可爱。

她欣喜之极，立即带着秘方和小鱼，告别了美丽的大理。回到了长沙，她立即辞退了原来咨询公司的工作，开始紧张筹备她的“美人鱼”小店。她在一条美容店密集的街道租赁了一套房子，修建了一个半米左右深的浴池，浴池边上和底部铺满了卵石，还在浴池安装了12个加热棒，确保水温控制在43℃左右，营造出自然温泉的氛围。同时，印制了一批精美的宣传单，附赠了一批免费体验卡，广泛宣传自己独特的美容方法。

开业当天，来“美人鱼”体验的人络绎不绝。随后，她寻找一批经常来做美容的女士，发展她们做业务员，不断树起了良好的口碑。同时，还组织了征文活动，让美容的人们主动撰写体验文章，发表在当地媒体上。一系列行之有效的方法，让她的“美人鱼”名声大震，回头客越来越多。3个月后，她的顾客群达到了300多人，月收入超过了3万元。

这天，她在电视古装片中看到宫中的妃子在木桶里洗澡的镜头，顿时眼前一亮。现在木桶浴很受世人推崇，如果这种木桶用一次性塑料膜覆盖桶壁，只要在木桶上加一个加热棒，就可以进行小鱼护理。这样，不但避免了很多人共用一个温泉池子，减少可能会造成的疾病传染，而且可以提高档次，满足不同类型的消费者需求，大大提高经济效益。

说干就干，她马上购进了一批木桶，进行改装，然后一一给过去来过的客人打电话介绍自己的新项目，而且说老客户来，有八折优惠。这一招，很快让她的顾客从300人增加到了700人。

后来，她根据顾客的需求，扩大了店面，推出了新的按摩、保养系列服务。接着，还开张了几家分店，而且给自己的小店注册了“鱼美人”的商标。如今，她的固定客户超过了2000人，月收入高达10万元。

她就是解琳，一个“80后”的阳光女孩。她从一次旅游见闻中找到了属于自己的商机，让小鱼儿为自己打工，用智慧与坚持，成就了人生的辉煌。成功眷顾有心人。其实，生活中，并不缺乏商机，关键是能否敏锐地捕捉到它。

让梦听从内心的声音

一个人的功利欲望越多，梦想的纯粹度就越低。

我的一位报社老师，他大学毕业后分配在市某派出所当一名警察。穿上警服、戴上警帽，一个字：帅！一个农民家庭出身的孩子，能当上一名国家干部，真是祖上积德，他家里人、村里人都是这么认为的。

可是，他的心中却住着一个作家梦。从小就爱好写作的他。对当警察一点兴趣也没有，在大学里他就曾发表过上百首诗歌作品，并获全国性的大奖。两年后，他听从内心的召唤。通过招聘考试。去了一家晚报社工作，如愿以偿地做了一名编辑，与他所钟情的文字打上交道。朋友都替他惋惜，说当警察多好啊，那是公务员哪，当今社会人人都想当公务员。你不知道？你年轻，可谓前途无量！再说，警察的待遇、福利是报社所能比的吗？当编辑为他人作嫁衣不说。还要值夜班，辛苦着呢。你要好好想一想。再决定到底干哪一行吧。

不顾亲朋好友的劝阻，他义无反顾地去了报社，只因为他喜欢。当理想成了职业，往往会有两种结果，一种人越做越开心，最后成功了；还有一种人干一行厌一行。后悔把理想变成职业，越做越油滑，早把理想扔垃圾桶里了，只是在混日子。我的老师属于前一种，在报社的时候，做好副刊编辑的同时，业余时间里他还创作了大量的散文、随笔、杂文、小小说，并发表在全国各大报纸杂志上，文章经常获奖，并且奖金数额不菲。他加入了省作协，然后，又一本接一本地出书，在写作圈里，他成了名副其实的勤奋型作家。

一转眼，他的儿子也到了上大学的关键时刻，在报考何种专业的问题上，父子俩有了小小的分歧。儿子从小喜欢物理，坚持报某大学的力学专业，说以后要致力于力学研究，立志成为物理学家。父亲说这个专业以后出来找工作不吃香，很冷门。况且，大千世界，有几个人能成为专家？作为父亲，他为儿子的未来担忧，想说服儿子报热门的专业，像人力资源管理、传媒专业、电子专业、法律专业等，出来就好找工作。可是，儿子却坚持自己的想法，他认为爱好才是最好的老师，正如父亲当年弃警察而做编辑是一个道理。如果父亲当年不是坚持自己的理想，而是功利地为前途着想，或许也会像他的同学那样升官发达了。但不一定快乐。

他欣然同意了儿子的选择。是的，想当年。不功利成就了他今天的写作生涯，如今，儿子面临同样的抉择，他当然也要成全儿子的想法。没准儿子哪天真成了一名物理学家呢！退一万步说，就算不成功又有什么关系，儿子做着自己喜欢的事，快乐地度过一生也是另一种成功。

如果有一天，我的女儿也到了读大学报考专业的人生路口，我一定会像我的老师那样支持孩子的想法。许多家长在孩子报考志愿的问题上，喜欢打着我为你将来着想的旗号，把自己的意愿强加在孩子身上。实际上，一个太过功利的社会，会扼杀多少天才啊。

跌倒成就了行走

一次，爱迪生一边散步，一边思考，由于想得入神，一路上跌倒了五六次。他的一位同事见了，大笑不止。爱迪生回应道：“笑什么？你知道跌倒的是什么人吗？跌倒的，都是行走的人！”

跌倒的，都是行走的人。坐着的、躺着的人当然不会跌倒，但也不会抵达成功的目标。抵达成功目标的人，是那些行走的人，是那些经常在行走中跌倒的人。

爱迪生的话，让人不由想起一位保险推销员。他能力平平，从他从事推销业务开始，他每天坚持拜访5个客户。一年下来，他拜访了1849个客户，遭到了1783个客户的拒绝，仅成交了66件，成功率仅1/28。

尽管如此，但他仍坚持每天拜访5个客户，一直坚持了20多年，创下了一生拜访40000个客户的纪录。如果按1/28的成功率，他一生遭受了多少拒绝和失败呢？“40000–40000×1/28”，一共是38571次。

这个一生经历了数万次拒绝和失败的保险推销员，就是法兰克·贝吉尔。尽管他能力平平，尽管他一生遭受了数以万计的“跌倒”和失败，但最终他成功了，成为世界上顶尖级的保险推销员。

法兰克·贝吉尔遭受的38571次的拒绝和失败，其实是在为他“沙里淘金”，在淘尽千千万万拒绝和失败的“沙子”后，留下的便是成功的“金子”。

成功属于谁？成功属于那些在千万次的“跌倒”、失败和挫折后，仍不放弃坚守的人。跌倒的，都是行走的人。正是跌倒，成就了我们的行走；正是失败，成就了我们最终的成功。

多想一步，少走一步

在台湾，运动用品很受市场欢迎。

许多名牌运动用品通常不二价，偶尔促销打折，能打到原价的七折就已经相当不容易。但是有一家很出名的专门卖“选手”牌运动用品的商店，则是另一番令人意想不到的场面；它的商品打了九折后还可以再打七折，有的甚至打到三折，一些季节性产品换季后甚至一折就能买到。

如果你以为便宜没好货，那又错了。“选手”牌运动用品款式非常新颖，颜色突出，质量上乘。物美价廉，想当然它赢得了大批顾客的极大青睐，常常它的生意好到令出售其他牌子的运动用品商店既羡也妒。可是，这家大幅度打折的公司，利润来自哪里？不会赔钱吗？许多同行非常想不明白。其实，当中的秘诀说起来一点不复杂。

经营“选手”牌运动用品的，是一家叫做总嘉的公司，这家公司曾在做市场调研时发现，运动用品行业的许多公司都是委托代售零售商品，其间货款结算时间长，资金周转缓慢，能不能让现金回收快速方便？总嘉公司多方考察研究经营方式，最终决定对自家的运动用品采取一个“直销”的方式：产品在直销专卖的店面出售，实行产销直接挂钩。这样，从代理商、分销商处省下的转手费便成了支撑产品打折促销的筹码，尽管产品终年在打折，但在成本核算之下，还是划得来，而且产品品质依然在水准线，却打折降价的产品，促进了销量的提升。另一层显而易见的好处，是解决了现金的回收问题，实现了资金的快速回笼，仅是利用利息，总嘉公司就增加了很大部分的市场竞争能力。

在经营上，总嘉公司多想了一步，少走了一步，与别人拉开了距离，做成了比不打折的同行更盈利的公司。

改变你的思维

在美国某监狱，一次，一个经常大吵大闹的犯人被换到另一房间后，却出人意料的不声不响了，看守长究其原因，发现是房间颜色不同所致。于是，该监狱决定，以后每隔一段时间，就让犯人换换房间。实践表明，效果确实不错。

消息传到日本，东京市一家咖啡店老板深受启发，他灵机一动，在红、青、黄和咖啡色四种杯子里，分别盛入浓度完全相同的咖啡让人品尝。结果，10个人中有9个人认定红杯子里的咖啡“最浓”，于是，他将店里的杯子一律换成红色的。此后，咖啡仍为原量，浓度也相同，但只因换成红颜色的杯子，顾客就蜂拥而至，老板的生意从以前门前冷落一下子变得异常火爆。其实，这位老板没什么什么，只是改变了一下思路，把他店里的杯子一律换成红色的。

1850年，美国西部出现了淘金热，20岁的利维也加入这股被发财的热浪所驱使的人流之中。然而当他只身来到旧金山，看到了熙熙攘攘，成千上万的淘金者之后，他改变的淘金的初衷，决定另辟发财途径。他先是开设了一家销售日用百货的商店，并制野营用的帐篷。利维认为：淘金固然能发大财，但为那么多人提供生活用品也是一桩能赚到钱的好生意。

一天，利维正扛着一捆帆布往回走，看到许多淘金工人。他一边走，一边想：这些淘金的人整天和泥水打交道，普通的裤子不耐穿，如果用这些帆布做裤子既结实又耐磨，一定能受到工人们的青睐。

于是他立即将帆布送到裁缝店，加工成裤子。这就是世界上最早的牛仔裤。

由于牛仔裤结实耐磨，很快就成为淘金工人的热门货。利维·施劳伦斯开辟了自己的一番事业，也圆了自己的致富，成了著名的牛仔服大王。

很多时候，机会就在我们身边，只是我们忽略了它的存在。大多数人往往容易被别人的思路牵着走，盲目追随别人的路子。其实，改变一下思维，换一个思路，往往有意想不到的收获。

给自己搭一个舞台

只因大三那年偶然的一次“触电”，他心头便燃起了进入演艺圈的热望。尽管那一次，他只不过做了没有一句台词的群众演员。

大学毕业，他毅然放弃了那份相当不错的工作，忍痛与女友分手，从杭州跑到北京，做了典型的“北漂一族”，幻想从默默无名的群众演员做起，一路晋升到配角，再到主要角色，或许某一天遇到一位贵人或者伯乐，他还能有幸成为一个主角，甚至一鸣惊人。因为他知道很多演员是从跑龙套开始，一步步成为巨星的，譬如“功夫巨星”成龙。当然，这是他藏在心底的秘密。为此，他将期待和找寻过程里的种种艰辛，都当成了人生中不可回避的磨炼。

只是，命运似乎对他很不垂青，在京城漂泊了三年多，他只是扮演过一些几乎可以忽略不计的小角色，也偶尔担任过跑跑颠颠的剧务。自然，他微薄的收入，根本无法维系他最低水准的生存，他只能四处兼职，一边打零工，一边仍幻想着有人能为自己提供一个表演的舞台。

那个炎炎的夏日，他一脸憔悴地从闷热的地下室走出，尚无着落的房租，像头顶的烈日一样炙烤着他，他茫然地望着繁华而喧嚣的城市，感觉自己特别像墙角那株被人遗忘的小草。他已经整整两个月没有混进某一个剧组了，哪怕是充当一个一闪而过的群众演员的机会，也没人给他提供。

在他将兜儿里仅有的10元钱，交给拉面馆的老板后，他只得不好意思地向一位送外卖的老乡求援。老乡借钱给他的同时，也扔给他一句很实在的话："转个身，换一条路走走，与其苦苦地期盼登上别人搭好的舞台，不如自己努力，先为自己搭一个施展才华的舞台，再从这个舞台出发，登上更多的舞台。"

老乡的话，闪电般地点醒了正执迷不悟的他：是啊，自己如此虔诚地渴望登上别人搭建的舞台，付出了那么多的辛苦，收获却这般惨不忍睹。只因为自己将成功的机遇，都寄托在他人身上了。

恍然大悟后，几经踌躇，他加盟了一家速递公司，没多久，自己便成立了一个快递公司，没想到，公司的运营竟出奇地顺畅，短短两年间，他便在北京市中心买了房子，买了好车，还拥有了一桩令人羡慕的幸福婚姻。

那日，他遇见了一个像他当年一样梦想着闯入演艺界的年轻人，见其眼神里流露着焦灼和迷茫，刹那间，他的心不禁一